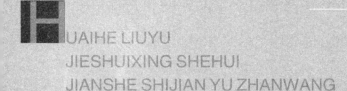

HUAIHE LIUYU

JIESHUIXING SHEHUI

JIANSHE SHIJIAN YU ZHANWANG

淮河流域节水型社会建设实践与展望

水利部淮河水利委员会　组编

袁锋臣　曹炎煦　马天儒　编

合肥工业大学出版社

前　　言

淮河流域人多水少,水资源时空分布不均,用水效率较低,产业布局与水资源禀赋极不协调。水资源供需矛盾突出是淮河流域经济社会发展与生态文明建设的重要制约因素。

进入 21 世纪,党中央、国务院提出加快建设资源节约型、环境友好型社会。水利部根据中央部署,开展了以建立健全节水管理制度为核心,以提高水资源利用效率与效益为目标的节水型社会建设工作。多年来,在持续的实践与探索过程中,淮河流域节水型社会建设工作积累了丰富的经验,并取得了较好的经济效益、社会效益和生态环境效益,为实现水资源可持续利用、保障经济社会持续健康发展发挥了积极作用。

随着新时代到来,节水型社会建设工作面临着新的要求。习近平总书记在论述我国水安全工作时提出"节水优先、空间均衡、系统治理、两手发力"的新时期治水方针。党的十九大报告提出,必须坚持节约优先、保护优先、自然恢复为主的方针,形成节约资源和保护环境的空间格局、产业结构、生产方式、生活方式,还自然以宁静、和谐、美丽。《水利改革发展"十三五"规划》把全面推进节水型社会建设作为"十三五"八个重点任务之首进行谋划,从节水制度、节水行动、节水机制等方面进行了新的部署。

为适应新形势、新任务、新要求,深入推进节水型社会建设工作,本书对淮河流域节水型社会建设实践的思路、措施、成效和经验进行了系统分析和归纳总结,并对未来工作开展方向进行了展望,以供各地节水管理工作者及其他相关人员学习参考。

目　　录

第一章　概　　述

水资源是基础性的自然资源和战略性的经济资源,是生态与环境的控制性要素。人多水少、水资源时空分布不均、水土资源和生产力布局不相匹配是我国的基本水情,特别是在全球气候变化和经济社会快速发展双重因素的作用下,我国水资源情势又在发生新的变化。节水型社会建设正是针对我国诸多水资源问题而提出的重大战略举措。

1.1　我国节水型社会建设历程

"节约用水"一词较早出现在 1961 年中共中央批转农业部和水利电力部《关于加强水利管理工作的十条意见》中。改革开放后,随着经济社会的快速发展,水资源供需矛盾日益突出。

1984 年 6 月,国务院印发《关于大力开展城市节约用水的通知》,认为"缺水的原因,除了供水设施建设跟不上,用水量日益增加外,水资源管理不统一,开发不合理,水源污染严重;生产工艺、设备落后,耗水量大、重复利用率低,水的浪费严重是主要原因"。

1986 年,中央层面明确提出了要建立节水型社会,中央书记处农研室和水电部联合召开了农村水利工作座谈会。会后牵头单位及国家计委、国家经委、财政部、建设部等 9 个相关部门向国务院领导同志汇报座谈会情况并形成会议纪要,国务院办公厅转发了这个会议纪要,即《关于听取农村水利工作座谈会汇报的会议纪要》,强调要促使全社会重视节水,建立节水型社会。

1988 年《中华人民共和国水法》颁布实施,明确规定国家实行计划用水,厉行节约用水,各级人民政府应当加强对节约用水的管理,各单位应当采用节约用水的先进技术,降低水的消耗量,提高水的重复利用率。

1991 年,国家将每年 5 月的第二周作为城市节约用水宣传周,旨在加强水资源管理,节约用水,促进水资源合理开发利用。

1996 年 7 月,为加强取水许可制度实施的监督管理,促进计划用水、节约用水,水利部颁布《取水许可监督管理办法》,其中第三章专门对节约用水管理进行了规定。

1999 年 6 月,时任中共中央总书记的江泽民同志视察黄河时提出,缓解黄河水资源供需矛盾,必须坚持开源、节流、保护三者并重,当前要把节约用水作为一项紧迫的首要任务抓紧抓好。

2000 年 10 月,中国共产党十五届五中全会通过《中共中央关于制定国民经济和社会发展第十个五年计划的建议》,指出"水资源可持续利用是我国经济社会发展的战略问题,核心是提高用水效率,把节水放在突出位置",并明确提出"大力推行节约用水措施,发展节水型农业、工业和服务业,建立节水型社会"。

2002年2月,水利部印发《关于开展节水型社会建设试点工作指导意见》,指出"为加强水资源管理,提高水的利用效率,建设节水型社会,我部决定开展节水型社会建设试点工作。通过实践建设,取得经验,逐步推广,力争用10年左右时间,初步建立起我国节水型社会的法律法规、行政管理、经济技术政策和宣传教育体系"。2002年3月,甘肃省张掖市被确定为全国第一个节水型社会建设试点。

2002年10月,修订后的《中华人民共和国水法》把节约用水放在了更加突出位置,节约用水的条款共达19条,比原《水法》增加了15条。其规定"国家厉行节约用水""各级人民政府应当采取措施,加强对节约用水的管理,建立节约用水技术开发推广体系,培育和发展节约用水产业""单位和个人有节约用水的义务",要求"发展节水型工业、农业和服务业,建立节水型社会""开源与节流相结合,节流优先",按照总量控制与定额管理相结合的原则,以实施取水许可制度和水资源有偿使用制度为重点,落实一系列的节水管理制度,其核心是提高用水效率;另外还明确了"三同时"原则,即"新建、扩建、改建建设项目,应当制定节水措施方案,配套建设节水设施,节水设施应当与主体工程同时设计、同时施工、同时投产"。这是新中国成立以来,首次系统地从方针、政策、制度以及节水技术等方面对节水型社会建设内容进行阐述,为节水型社会的全面建设提供了法律保障。

2003年3月,时任中共中央总书记的胡锦涛在中央人口资源环境工作座谈会上指出,要把节水作为一项必须长期坚持的战略方针,把节水工作贯穿于国民经济发展和群众生产生活的全过程。

2003年10月,水利部在甘肃省张掖市召开全国水资源工作暨节水型社会建设试点经验交流会,系统总结张掖节水型社会建设的经验,对节水型社会建设试点工作进行全面部署。12月,为更好地落实会议精神,进一步推动对张掖经验的深入学习和节水型社会建设试点工作的广泛开展,水利部印发《关于加强节水型社会建设试点工作的通知》,要求进一步提高对节水型社会建设试点工作的认识。

2005年4月,国家发改委、科技部、水利部、建设部、农业部联合组织制定了《中国节水技术政策大纲》,指导节水技术开发和推广应用,推动节水技术进步,提高用水效率和效益,促进水资源可持续利用。

2006年4月,国务院颁布《取水许可和水资源费征收管理条例》,从取用水环节规定了节约用水的有关内容,将取水许可制度和水资源有偿使用制度紧密联系起来,对加强水资源管理和保护促进水资源的节约与合理开发利用起到了重要作用。

2006年12月,国家发改委、水利部、建设部联合印发《节水型社会建设"十一五"规划》,明确了"十一五"期间我国节水型社会建设的目标和任务。

2008年7月,国务院印发了水利部的"三定"方案,其中关于职责调整的内容要求为"加强水资源的节约、保护和合理配置,保障城乡供水安全,促进水资源的可持续利用",明确由水利部负责节约用水工作,拟定节约用水政策,编制节约用水规划,制定有关标准,指导和推动节水型社会建设工作。

2011年1月,中共中央、国务院发布了《关于加快水利改革发展的决定》,这是新中国成立以来中央首次以一号文件的形式全面系统部署水利改革发展工作。文件明确要求"把严格水资源管理作为加快转变经济发展方式的战略举措,注重科学治水、依法治水,突出加强薄弱环节建设,大力发展民生水利,不断深化水利改革,加快建设节水型社会,促进水利可持续发展,努力走出一条中国特色水利现代化道路"。

2011年5月,中央机构编制委员会办公室印发《关于进一步明确节约用水部门职责分工的通知》,明确由水利部负责节约用水工作,会同有关部门起草节约用水法律法规、拟定节约用水政策,编制节约用水规划,制定有关标准,指导推动节水型社会建设,制定用水总量控制、定额管理和计划用水制度并组织实施,指导节水灌溉工程建设与管理,会同有关部门对各地区水资源开发利用、节约保护主要指标的落实情况进行考核。会同发展改革委、住建部等部门建立节约用水工作部级联席会议制度,统筹和协调解决节水工作中的重大问题。

2011年7月,在中央水利工作会议上,时任中共中央总书记的胡锦涛强调要把建设节水型社会作为建设资源节约型环境友好型社会的重要内容,全面强化水资源节约保护工作,形成有利于水资源节约保护的经济结构、生产方式、消费模式,推动全社会走上生产发展、生活富裕、生态良好的文明发展道路。时任总理温家宝指出,要把节水作为解决我国水问题的战略性和根本性措施,以提高水资源利用效率和可持续利用为核心,努力构建和形成节约用水的制度体系、生产生活方式和社会氛围,在更高起点上推进节水型社会建设。

2012年1月,《国务院关于实行最严格水资源管理制度的意见》印发,要求"全面加强节约用水管理,各级人民政府要切实履行推进节水型社会建设的责任,把节约用水贯穿于经济发展和群众生活生产全过程,建立健全有利于节约用水的体制和机制。稳步推进水价改革。各项引水、调水、取水、供用水工程建设必须首先考虑节水要求"。

2012年1月,水利部印发《节水型社会建设"十二五"规划》,明确了"十二五"期间我国节水型社会建设的目标和任务。

2012年11月,党的十八大报告在"大力推进生态文明建设"内容中要求"加强水源地保护和用水总量管理,推进水循环利用,建设节水型社会",进一步强调建设节水型社会的重要战略地位。

2014年,习近平总书记在论述我国水安全工作时提出"节水优先、空间均衡、系统治理、两手发力"的新时期治水方针。

2014年,全国第四批节水型社会建设试点城市验收完成,至此,全国100个节水型社会建设试点工作圆满结束。

2015年4月,中共中央、国务院印发《关于加快推进生态文明建设的意见》,提出坚持把节约优先、保护优先、自然恢复为主作为生态文明建设基本方针,在资源开发与节约中,把节约放在优先位置,以最少的资源消耗支撑经济社会持续发展。

2016年3月,《中华人民共和国国民经济和社会发展第十三个五年规划纲要》正式发布,提出要"全面推进节水型社会建设""落实最严格的水资源管理制度,实施全民节水行动计划。坚持以水定产、以水定城,对水资源短缺地区实行更严格的产业准入、取用水定额控制。加快农业、工业、城镇节水改造,扎实推进农业综合水价改革,开展节水综合改造示范。加强重点用水单位监管,鼓励一水多用、优水优用、分质利用。建立水效标识制度,推广节水技术和产品。加快非常规水资源利用,实施雨洪资源利用、再生水利用等工程。"

2016年10月,为贯彻落实《中华人民共和国国民经济和社会发展第十三个五年规划纲要》,水利部、国家发展改革委、住房城乡建设部等9部门印发《全民节水行动计划》,推进各行业、各领域节约用水,在全社会形成节水理念和节水氛围,加快节水型社会建设步伐。

2016年10月,水利部、国家发展改革委印发《"十三五"水资源消耗总量和强度双控行动方案》,要求切实落实最严格水资源管理制度,控制水资源消耗总量,强化水资源承载能力刚性约束,促进经济发展方式和用水方式转变;控制水资源消耗强度,全面推进节水型社会建设,把节约用水贯穿于经济社会发展和生态文明建设全过程,为全面建成小康社会提供水安全保障。

2017年1月,为贯彻《中华人民共和国国民经济和社会发展第十三个五年规划纲要》、落实《中共中央国务院关于加快推进生态文明建设的意见》《国务院关于实行最严格水资源管理制度的意见》《水污染防治行动计划》等要求,加快节水型社会建设,水利部、国家发展改革委和住房城乡建设部联合印发《节水型社会建设"十三五"规划》,坚持节水优先方针,充分发挥政府引导作用和市场调节作用,提升全社会节水意识,把节水贯穿于经济社会发展和生态文明建设全过程,集中力量着力调整用水结构、提高用水效率,促进经济发展方式加快转变,推动绿色发展,保障国家水安全。

2017年5月,为深入贯彻节水优先方针,落实2017年中央一号文件要求,全面推进节水型社会建设,实现水资源可持续利用,水利部印发《关于开展县域节水型社会达标建设工作的通知》,在全国范围内开展县域节水型社会达标建设工作。

1.2　淮河流域节水型社会建设的必要性

节水型社会建设是经济社会可持续发展的必然要求,对淮河流域而言,节水型社会建设有着更为深刻而重要的意义。淮河流域降水时空分配不均,人均水资源拥有量低,近年来,随着经济社会快速发展、人口不断增长,城市化进程加快,水资源供需矛盾日益突出。同时,由于流域整体节水水平较低,用水方式粗放、浪费严重,由水污染产生的水质型缺水问题也使水资源供需形势更加严峻。建设节水型社会,增强全社会的节水观念和水资源忧患意识,通过制度创新规范用水行为,通过水资源循环利用、排污控制和水功能水质管理实现节水减污,使经济结构和产业布局与水资源、水环境承载能力相适应,是解决淮河流域资源环境问题、实现人与自然相和谐的根本途径。

水资源是人类生存和发展的基础,是经济社会可持续发展的重要保障。淮河流域经济社会的快速发展,现代工业、现代农业,特别是高新技术产业的蓬勃兴起,对水质安全、水量保障提出了越来越高的要求。淮河流域特殊的地理位置和过渡带气候特征,孕育了大量生物资源和生物多样化的生态系统,其作为中国实现可持续发展战略的重要生态屏障,对水资源可持续利用也提出了相应要求。因此,有必要全面开展流域节水型社会建设,不断提高水资源的利用效率和效益,统筹协调好生活、生产和生态用水,以促进流域经济社会和资源环境的协调发展。

节水型社会建设是全面实现小康社会新目标的重要保障。党的十九大为我们勾画出未来经济社会发展的宏伟蓝图,提出了2020年全面建成小康社会的奋斗目标,这对供水保障和节水提出了更高的要求。供水保障程度需求越高,对节水水平的要求越高。通过建设节水型社会,充分发挥科技的先导作用,发挥市场在资源配置中的基础性作用,形成政府主导、市场引导、公众参与的节水型社会体系,这对于到2020年全面建成小康社会,基本形成有利于资源节约和环境保护的产业结构、增长方式、消费模式,推动淮河流域社会走上生产发展、生活富裕、生态良好的文明发展道路具有十分重要的意义。

目前,淮河流域节水型社会建设通过多年的实践,取得了一定的成效,也获得了许多宝贵的经验和成果,在下面的章节中将进行系统介绍。

第二章　淮河流域概况及水资源情势

本书所称"淮河流域"指淮河片,包括由淮河水系和沂沭泗水系组成的流域(以下简称淮河沂沭泗流域)及山东半岛沿海诸河(以下简称山东半岛)。地处我国东部,介于长江和黄河之间,位于东经111°55′~122°42′,北纬30°55′~38°20′,面积33万km²。跨湖北、河南、安徽、江苏、山东五省,涉及47个地级市。其中,淮河沂沭泗流域西起桐柏山、伏牛山,东临黄海,南以大别山、江淮丘陵、通扬运河及如泰运河南堤与长江流域为分界,北与黄河南堤和沂蒙山与黄河流域、山东半岛毗邻,面积约27万km²,跨湖北、河南、安徽、江苏、山东五省,涉及40个地级市。山东半岛以沂蒙山脉作为与淮河沂沭泗流域的分水岭,北至黄河南堤,东部延伸于黄海和渤海之间,面积约6万km²,全部在山东省境内,涉及10个地级市。

2.1　自然概况

淮河沂沭泗流域地形总体为由西北向东南倾斜,淮南山丘区、沂沭泗山丘区分别向北和向南倾斜。流域西、南、东北部为山丘区,面积约占流域总面积的1/3;其余为平原(含湖泊和洼地),面积约占流域总面积的2/3。

流域西部的伏牛、桐柏山区,高程一般为200~300m,沙颍河上游尧山(石人山)为全流域最高峰,高程为2153m;南部大别山区高程一般为300~500m,淠河上游白马尖高程为1774m;东北部沂蒙山区,高程一般为200~500m,沂蒙山龟蒙顶高程为1155m。丘陵主要分布在山区的延伸部分,高程西部为100~200m,南部为50~100m,东北部一般为100m左右。淮河干流以北为广大冲、洪积平原,高程为15~50m;南四湖湖西为黄泛平原,高程为30~50m;里下河水网区高程为2~5m。

淮河沂沭泗流域西部伏牛山区主要为棕壤和褐土;丘陵区主要为褐土。淮南山区主要为黄棕壤,其次为棕壤和水稻土;丘陵区主要为水稻土,其次为黄棕壤。沂蒙山丘区多为褐土和棕壤。淮北平原北部主要为黄潮土,其间零星分布着小面积的盐化潮土和盐碱土;淮北平原中部和南部主要为砂礓黑土,其次为黄潮土和棕潮土等。淮河下游平原水网区基本为水稻土。

淮河沂沭泗流域自然植被分布具有明显的地带性特点。伏牛山区及偏北的泰沂山区主要为落叶阔叶—针叶松混交林;中部的低山丘陵一般为落叶阔叶—常绿阔叶混交林;南部大别山区主要为常绿阔叶—落叶阔叶—针叶松混交林,并夹有竹林,山区腹部有部分原始森林。平原区除苹果、梨、桃等果树林外,主要为刺槐、泡桐、白杨等零星树林;

滨湖沼泽地有芦苇、蒲草等。栽培植物的地带性更为明显,淮南及下游平原水网区以稻、麦(油菜)为主,淮北以旱作物为主,有小麦、玉米、棉花、大豆和红薯等。

淮河沂沭泗流域地下水可分为平原区土壤孔隙水、山丘区基岩断裂构造裂隙水和灰岩裂隙溶洞水三种类型。平原区浅层地下水是地下水资源的主体。流域西部为古淮水系堆积区,厚度在 10~60m,地下水埋深一般在 2~6m;东部历史上受黄泛影响,为黄河冲积平原的一部分,砂层厚度一般为 10~35m,自西向东渐减,地下水埋深 1~5m。苏北淮安、兴化一带冲积湖积平原区,大部分为淤泥质、砂质黏土,间有沙土地层,地下水埋深一般为 1~2m。苏鲁滨海平原地区在沿海 5~22km 范围内属海相沉积区,岩性为亚砂土,地下水埋深 1~2m,为氯化钠微咸水或咸水。基岩断裂构造裂隙水主要分布于桐柏山、伏牛山和大别山区,另外在鲁东南山丘区有变质岩风化裂隙,但裂隙水弱,连通性差。裂隙溶洞水主要分布在豫西、鲁东南灰岩溶洞山丘区,在条件适宜的情况下,可以富集有价值的水源。山东半岛自西向东呈马鞍型,西部地形南高北低,为泰沂山北麓、山丘区和平原;东部为低山丘陵区和平原,青岛崂山顶海拔 1133m;中部为断陷盆地,大泽山、艾山之北有东西狭长的滨海山麓平原。山丘区占全面积的 23%,丘陵占 31%,平原占 36%,洼地占 10%。

山东半岛西部山丘区为土层浅薄的粗骨性褐土(石渣土),山间盆地及山麓坡地为土层较厚的褐土,山前平原区广泛分布着褐土和潮褐土;胶东低山丘陵区为粗骨性褐土和粗骨性棕壤。

山东半岛基本以落叶阔叶林及草类、灌木为主,植被稀疏,栽培植物以旱作物为主,有小麦、玉米和大豆等。

山东半岛泰沂山北部平原为松散沉积层,中部有孝妇河冲积、洪积层,东部有淄河、潍河两大冲积、洪积扇,临淄—潍坊一线含水层最发育,岩性为粗中砂夹砾石,厚度大,富水性强;在冲洪积扇前缘和扇间地带,岩性为细砂、粉细砂层,富水性变弱。

2.2　气象水文

淮河流域多年平均气温为 12℃~16℃,由北向南,由沿海向内陆递增,最高月平均气温 27℃左右,通常出现在 7 月份,极端最高气温达 40℃以上。最低月平均气温 0℃左右,通常出现在 1 月份,极端最低气温-20℃左右。淮河流域相对湿度较大,年平均值为 63%~81%。其地域分布是南大北小、东大西小;时间的分布是夏季、秋季、春季、冬季依次减小。夏季一般超过 80%,冬季约为 63%。无霜期一般为 200~240d,年均日照时数在 1990~2650h。

淮河流域多年平均年降水量为 839mm(1956—2000 年系列,下同),其中淮沂沭泗流域为 875mm,山东半岛为 678mm。降水量的地区分布不均,表现为南部大、北部小、山丘区大、平原区小,沿海大、内地小。南部大别山区的平均年降水量达 1400~1600mm,而北部黄河沿岸为 600~700mm。小清河下游平原区,降水量不足 600mm,是淮河流域降水量最少的地方。降水量的年际变化较为剧烈,主要表现为最大与最小年降水量的比值

（即极值比）较大，雨量站年降水量的极值比在 2.08～6.13 之间，极值比最大的为山东半岛烟台市铁口雨量站，1964 年降水量为 1225mm，1999 年降水仅 200mm，极值比达6.13。在流域面上，极值比还表现出南部小于北部、山区小于平原、淮北平原小于滨海平原的特点。降水年内分配不均，淮河上游和淮南山区，雨季集中在 5～9 月，其他地区集中在 6～9 月。6～9 月为淮河流域的汛期，多年平均汛期降水 400～900mm，占全年总量的 50％～75％。降水集中程度自南往北递增。淮河流域地处我国南北方气候过渡带。淮河以北属暖温带半湿润季风气候区，淮河以南属亚热带湿润季风气候区，流域内自北往南形成了暖温带向亚热带过渡的气候类型，冷暖气团活动频繁，降水量变化大。流域年平均气温 14.5℃，极端最高气温 44.5℃（1966 年 6 月 20 日河南汝州），极端最低气温 －24.3℃（1969 年 2 月 6 日安徽固镇）。流域年平均相对湿度 66％～81％，南高北低、东高西低。流域内无霜期 200～240d；日照时数为 1990～2650h。

淮沂沭泗流域多年平均降水量为 875mm，其中淮河水系为 911mm，沂沭泗水系为 788mm。降水量在地区分布上不均匀，总体上是南部大于北部、山区大于平原、沿海大于内陆。南部大别山区的年平均降水量达 1400～1500mm，北边黄河沿岸仅为 600～700mm。降水量的年际变化大，1954 年平均年降水量达 1185mm，1966 年仅为 578mm；降水量年内分布不均匀，淮河上游和淮南山区，雨季集中在 5～9 月，其他地区集中在 6～9 月。汛期（6～9 月）降水量占全年降水量的 50～75％。

淮沂沭泗流域多年平均径流深约为 221mm，其中淮河水系为 238mm，沂沭泗水系为 181mm。径流地区分布不均匀，大别山区的年径流深可达 1100mm，淮北北部、南四湖湖西地区则不到 100mm；径流年际变化大，各站最大与最小年径流的比值一般为 5～30，北部大，南部小；年内分配不均，汛期实测径流量淮河干流占全年径流量的 60％左右，沂沭泗水系约占全年径流量的 70％～80％。

淮沂沭泗流域多年平均水面蒸发量为 1060mm，黄河沿岸和沂蒙山南坡水面蒸发量达 1100～1200mm，大别山、桐柏山区为 800～900mm。水面蒸发量主要集中在 5～8 月，连续 4 个月最大蒸发量一般占年总量的 50％左右，最大月蒸发量通常出现在 7 月或 8 月，最小月蒸发量多出现在 1 月。流域多年平均陆面蒸发量为 640mm，总趋势是南大北小、东大西小，变化范围从 500～800mm。

2.3　经济社会

2.3.1　人口与城市化

据 2016 年度《淮河片水资源公报》，截至 2016 年底，淮河流域总人口为 2.01 亿，占全国总人口的 14.57％；其中城镇人口 10368 万人，占全国城镇人口约 13.07％，城镇化率为 51.48％，低于 57.35％的全国城镇化率。流域平均人口密度为 610 人/km²，约为全国平均人口密度的 4.2 倍。

2.3.2　经济

2.3.2.1　国内生产总值

据 2016 年度《淮河片水资源公报》,2016 年淮河流域国内生产总值(GDP)为 109084 亿元,人均 5.42 万元,和全国平均水平基本持平并略高。其中淮沂沭泗流域国内生产总值为 70606 亿元,人均 4.37 万元;山东半岛国内生产总值为 38478 亿元,人均 9.63 万元。

淮河流域人口密度大,经济基础差。除山东半岛外,工业化和城市化水平相对较低。但近几年经济发展的速度超过全国平均发展速度,经济发展潜力较大。

2.3.2.2　工业

淮河流域在我国国民经济中占有十分重要的战略地位,区内拥有十分丰富的煤炭资源,是我国黄河以南地区最大的火电能源中心,华东地区主要的煤炭供应基地;淮河流域拥有丰富的粮、棉、油、鱼等农副产品资源,具有发展以农副产品为原料的食品、纺织等工业十分有利的条件;沿海地区拥有丰富的海盐、渔业等资源,同时水陆交通十分发达,是连接我国南北、东西的重要交通枢纽。江苏、山东(山东半岛)两省处于我国东部经济较发达地区,工业化、城镇化的水平较高;河南、安徽两省紧邻我国东部沿江、沿海经济发达地区,具有承东启西的优势,属于沿江、沿海经济发达地区的辐射区域。目前淮河流域的工业以煤炭、电力、食品、轻纺、医药等工业为主,近年来化工、化纤、电子、建材、机械制造等轻、重工业发展较快,乡村工业也有了很大的发展。

2016 年工业增加值为 4.21 万亿元,占全国比重约为 16.99%,对本区 GDP 的贡献率达 38.60%。

2.3.2.3　农业

淮河流域气候、土地、水资源等条件较优越,适宜于发展农业生产,是我国的主要农业生产基地之一,也是我国重要的粮、棉、油主产区之一。淮沂沭泗流域农作物分为夏、秋两季,夏季主要种植小麦、油菜等,秋季主要种植水稻、玉米、薯类、大豆、棉花、花生等作物。山东半岛以旱作物为主,夏季主要种植小麦、油菜等,秋季主要种植玉米、大豆、薯类、棉花等作物。山东半岛也是我国北方地区主要蔬菜、水果生产基地。

2016 年,淮河流域总耕地面积约 1.97 亿亩,占全国耕地面积的 9.7%;人均耕地面积为 0.82 亩,低于全国人均耕地面积;有效灌溉面积为 1.87 亿亩。农作物分夏秋两季,夏收作物主要有小麦、油菜等,秋收作物主要有水稻、玉米、薯类、大豆、棉花、花生等。粮食总产量为 12969 万吨,人均粮食产量 644kg,高于全国人均粮食产量。

2.3.2.4　矿产资源

淮河流域矿产资源丰富,其中分布广泛、储量丰富、开采和利用历史悠久的矿产资源有煤、石灰岩、大理石、石膏、岩盐等。煤炭资源主要分布在淮南、淮北、豫东、豫西、鲁南、徐州等矿区,煤种齐全,质量优良,使得淮河流域成为我国黄河以南地区最大的火电能源中心,华东地区主要煤电供应基地。石油、天然气主要分布在中原油田延伸区和苏北南部地区,河南兰考和山东东明是中原油田延伸区;苏北已探明的油气田主要分布在金湖、高邮、溱潼三个凹陷区。河南、安徽、江苏均有储量丰富的岩盐资源。

2.3.3　交通运输

淮河流域交通发达。京沪、京九、京广三条南北铁路大动脉从流域东、中、西部通过，著名的欧亚大陆桥的一部分——陇海铁路、胶济铁路及晋煤南运的主要铁路干线新（乡）石（臼）铁路横贯流域北部；流域内还有合（肥）蚌（埠）、新（沂）长（兴）、宁西、宁启、蓝烟、桃威、淄东、德龙烟、青烟威荣城际等铁路。流域内公路四通八达，近年高等级公路建设发展迅速。连云港、日照等大型海运港口直达全国沿海港口，并通往海外。内河水运南北向有年货运量居全国第二的京杭运河，东西向有淮河干流；平原各支流及下游水网区水运也很发达。

2.4　主要水资源问题和形势

淮河流域水资源紧缺，时空分布不均，水土资源不相匹配。人口密度达 610 人/km²，居全国七大江河流域之首。高密度的人口，高耗水、高污染的产业结构，以及低承载能力的水资源条件，使得淮河流域水资源供需矛盾突出，成为制约经济社会发展的重要因素。

2.4.1　水资源短缺并呈下降趋势

淮河流域水资源总量不足。水资源年内分配不均、年际变化剧烈。70%左右的径流集中在汛期 6～9 月，最大年径流量可达最小年径流量的 6 倍。水资源时空分布不均和变化剧烈，增加了开发利用难度，使水资源短缺的形势更加突出。

随着全球气候变化和人类活动影响的进一步加剧，近 20 多年来，淮河流域水资源数量明显减少，在未来较长时期内可能仍存在下降趋势。随着经济社会的快速发展，水资源短缺将是长期面临的形势。

2.4.2　水土资源与生产力布局不相匹配

水资源量空间分布呈南部大、北部小，沿海大、内陆小，山丘区大、平原区小的状况。淮河以南和上游地区，水资源相对丰富，而人口和经济量占比较小；占流域面积约 2/3 的平原地区，拥有 80%左右的人口和耕地，水资源量却不到 50%。

2.4.3　水资源开发过度

淮河流域现状水资源开发利用率已超过 50%，其中山东半岛达 60%，超过国际公认的 40%合理限度。部分地区水资源开发利用水平远超出水资源承载能力，导致河道断流、湖泊萎缩、水功能区水质超标、地面沉降和海水入侵等一系列生态和环境问题。

2.4.4　用水效率和效益低下

在开发利用过度的同时，用水效率和效益较为低下。随着经济布局和产业结构的调整、技术创新、节水灌溉技术推广应用等，近年来水资源利用效率有所提高，但用水方式粗放、用水浪费等问题仍然突出,部分农业灌区仍采用大水漫灌方式,城镇供水管网的平均漏损率达 17%,约为国际先进水平的 2 倍。

2.4.5 水污染问题仍较严重

淮河流域水污染防治工作成效显著,但问题仍很突出。工业废水排放达标率不高,城市污水处理率偏低,面源污染日渐突出且缺乏有效的防治措施。一些支流污染还比较严重。水污染使部分水体功能下降甚至丧失,进一步加剧了流域水资源供需短缺矛盾。2016 年,淮河流域纳入国家考核的全国重要江河湖泊水功能区水质达标率只占 67.1%;对流域 23600 多千米河长进行全年期水质评价,水质劣于 Ⅲ 类水的河长接近一半,达 49.9%。

2.4.6 水资源基础设施建设滞后

流域水资源供水工程多建于 20 世纪 60—70 年代,经过多年的运行,老化失修严重。水资源开发利用基础设施建设滞后于经济社会发展的需要。部分地区供水和水源结构不合理,供水保障程度较低。

2.4.7 水生态系统安全受到威胁

淮河流域河湖主要靠降水为补给源,受降水影响,径流季节性变化大。由于水资源短缺,加之径流人工控制程度较高,致使人口密集的淮河流域水资源开发利用程度较高。山东半岛和淮北地区中小河流大部分是季节性河流,有水无流或河干的现象较为普遍,水体污染和水资源短缺致使水生生态系统遭受一定程度破坏。

由于过度用水、盲目围垦使湖泊容积减少甚至萎缩消失。据调查统计,20 世纪 80 年代后,全流域有十多个小湖泊萎缩消失。

由于地下水超采,致使局部地区出现地面沉降和大面积漏斗。2016 年,淮河流域降落漏斗共有 12 处,年末漏斗总面积达 1.7 万 km^2。地面沉降、地面塌陷以及山东半岛的海水入侵等问题也很严重。

第三章　淮河流域节水管理制度建设

节水型社会建设是解决我国水资源短缺问题的根本出路。传统的节水偏重于通过节水工程、设施及技术等发展节水生产力,并通过行政手段进行推动。而节水型社会的本质特征是建立以水权、水市场理论为基础的水资源管理体制,形成以经济手段为主的节水机制,建立起自律式发展的节水模式,不断提高水资源的利用效率和效益。在淮河流域节水型社会建设过程中,就需要配套的社会变革和制度创新进行支持,通过节水管理制度的系统建立和全面实施,树立节水理念、改变传统的生产生活方式,实现水资源优化配置与可持续利用。

3.1　节水管理制度建设的必要性

节水管理制度建设包括构建四大体系:一是建立以水资源总量控制与定额管理为核心的水资源管理体系;二是建立与水资源承载能力相适应的经济结构体系;三是建立与水资源优化配置和高效利用的工程技术体系;四是建立公众自觉节水的行为规范体系。相较传统的节水方式,节水型社会是通过制度建设,注重对生产关系的变革和经济手段的运用,形成全社会的节水动力和节水机制。

3.1.1　节水管理制度建设是转变水管理思路的客观需要

水价低廉,水资源管理不够规范,使得社会公众缺乏水忧患意识,具体表现在以下几个方面:

第一,缺乏水稀缺的认识。一方面,每年的 6~9 月的降雨量一般占全年降雨量的 50%~80%,而 12 月至次年 2 月降雨量不到全年的 10%,冬春干旱普遍严重。同时,多雨年和少雨年相差 3~5 倍。因此,在少雨年份,全流域降雨稀少,可发生大范围的干旱,如 1988 年的旱灾。另一方面,水土资源分布不均匀。淮河流域的 70% 耕地及粮食产量的 80% 集中在平原区内,平原区工业较发达,主要城市及煤电基地均分布在平原区内,工农业用水的 80% 集中在平原区。但水资源的分布情况则相反,是山丘区大,平原区小。随着社会发展,平原区地表水量无法满足水资源需求。

第二,水环境形势不容乐观。20 世纪 70 年代以后,淮河流域水资源污染现象日益加剧,水质日趋恶化,有些水域已失去使用价值。由于水污染而造成的饮用水荒以及人畜、鱼类中毒等事故经常发生,危害很大,影响极坏,而当前水污染的防治却普遍落后于污染的发展。水污染严重。由于淮河流域产业结构和布局不合理,企业规模小、生产力水平低、技术落后、污水处理难度大,虽然国家对水环境的治理加大,强化入河排放物的监督管理,水环境得到持续改善,但是淮河水环境形势仍然不容乐观。

一方面,由于用水习惯和用水观念比较落后,倡导"供给管理"所致。"供给管理"是在水资源量比较富足的条件下,通过兴建大中型水利工程等措施和手段获取所需要的水资源,实现水资源供需平衡的一种水资源管理模式。在管理目标上,它强调"供给第一、以需定供";在管理手段上,主要以行政手段管理为主;在理念上,强调水的自然属性,由此导致了水资源过度开发。因此,这是一种不可持续的水资源管理模式,最终会破坏自然水循环的水资源再生能力,诱发和激化自然水循环和社会水循环的不协调问题。

另一方面,节水宣传力度不够,许多地区的节水工作仅仅停留在宣传上,没有切实的贯彻。因此,群众对节水的必要性认识不够。同时,由于存在节水措施薄弱且难以落实,对节水工作考虑不全面,时间、精力、人力、物力投入不足等因素,导致不合理的开发和利用趋于严重,使得可使用水量不断减少,限制未来经济社会发展。

随着城市化建设速度加快,人口数量递增,水资源需求量急剧提升,我国水资源总量相对于庞大的需水量而言,显得十分匮乏。长远看来,盲目使用水资源对自然环境和社会发展都有巨大的负面影响。因此迫切需要改变水资源管理思路,摈弃"用之不尽,取之不竭"的愚昧思想,强调用水效率。由原先的"以需定供"变为"以供定需",即建设节水管理制度,综合运用行政、制度、经济和技术等多种管理手段来规范水资源开发利用中的人类行为,抑制水资源需求过快增长,实现对有限水资源的优化配置和可持续化利用。在管理理念上,"以供定需"强调水资源是一种稀缺的经济资源,应把开源和节水有机结合起来;在管理目标上,强调以节水和提高用水效率为宗旨。因此从"需求"出发,进行水资源管理是一条缓解"水危机",提高用水效率的有效思路。

3.1.2　节水管理制度建设是规范节水管理工作的必然要求

制度是人类设计的制约人们相互行为的约束条件,具体分为三种类型,即正式规则、非正式规则和这些规则的执行机制。正式规则又称正式制度,是指政府、国家或统治者等按照一定的目的和程序有意识创造的一系列的政治、经济规则及契约等法律法规,以及由这些规则构成的社会的等级结构,包括从宪法到成文法与普通法,再到明细的规则和个别契约等,它们共同构成人们行为的激励和约束;非正式规则是人们在长期实践中无意识形成的,具有持久的生命力,并构成世代相传的文化的一部分,包括价值信念、伦理规范、道德观念、风俗习惯及意识形态等因素;执行机制是为了确保上述规则得以实施的相关制度安排,它是制度安排中的关键一环。这三部分构成完整的制度内涵。

制度作为人类社会当中人们行为的准则,是人们用以衡量自己行为的标准。从内容上看,制度由组织制度和工作制度组成,是组织和机构具体工作的规范,包括相关法律法规、程序、惯例、传统和风俗等。建立节水管理制度,就是通过程序化的方式,规范节水工作流程和职责。

长期以来,各大流域往往都是由为数众多的利益相关方进行多头开发与管理,混乱无序,引起流域内的生态与环境问题不断累积和扩大,流域性生态退化和环境污染问题日益突出,水资源浪费严重,导致水资源紧缺日益严重。在缓解水资源稀缺的问题上,节水是关键的环节。作为一个完整的生命系统和生态系统,河流系统的水资源管理问题,不能单纯依靠某个部门、某一地区,它需要不同部门与地区之间的合作,也需要上中下游、左右岸的协调,强调有效的跨部门和跨行政区的综合管理。若流域内各地区按照自身情况进行节水,各地大多会从自身利益考虑。由于地区间差异较大,水资源时空分配不均,水量多的地区不重视节水,水量少的地区则需水紧张。同时各地区由于水资源利用情况不同,各地都制定了自身的节水措施和制度,但没有流域机构的统一,导致好的节水措施得不到推广,无效的节水措施也得不到比对和取缔,造成工作不力。加之流域内水资源管理制度不完善,无法有效协调各地之间的利益关系,地区之间频繁发生矛盾。

节水管理制度是通过制度化的形式,建立一套系统的水资源的开发利用和节约保护活动的管理制度,一方面可以保障流域内每个公民对水资源使用的权利;另一方面,通过对水资源节约使用进行规范,可以确保在生产生活中合理节约使用水资源。节水管理制度主要任务就是建立水资源节水管理的相关规范及条例体系,形成内容完善、层次清晰的流域水资源管理体系,对有关监督机构和惩罚措施进行具体规定;明确水资源使用的权利和义务;规定水资源开发利用的方向并对用水量进行管理;培养每个居民节水意识和习惯;约束企业和居民个人浪费水资源的行为;鼓励非传统水资源的开发利用;协调流域内各利益主体间关系;等等。建立流域节水管理制度,使得全流域节水工作有法可依、有章可循;规范工作程序,明晰办事流程;协调区域矛盾,统一节水制度;并通过监督奖罚手段、结合地方区域管理,保证流域内节水措施的有效贯彻和执行。

3.1.3　节水管理制度建设是促进流域经济发展的重要保障

现代经济社会不能持续发展的深刻根源,在于现存的以依靠消耗资源和牺牲环境为代价的传统发展模式,这是一种非可持续性的经济发展模式。而经济可持续发展是一种合理经济发展形态,它要求在发展经济的同时,充分考虑环境、资源和生态的承受能力,保持人与自然的和谐发展,实现自然资源的永续利用,实现社会的永续发展。通过实施经济可持续发展战略,使社会经济得以形成可持续发展模式,在经济、社会、生态的不同层次中力求达到三者相互协调和可持续发展,使生产、消费、流通都符合可持续经济发展要求。

随着淮河流域生态环境质量的愈加恶劣,资源短缺问题严重,而区域水资源与经济总量不协调,因此实现经济可持续发展显得尤为重要和迫切。实现在保证经济发展能够保持当代人的福利增加的同时,不减少后代的福利,充分考虑环境、资源和生态的承受能力,保持人与自然的和谐发展。

水作为人类生存和发展不可替代的资源,是经济社会可持续发展的基础。根据淮河流域发展规划,未来水资源需求仍会不断增加。目前在流域内水资源管理主要存在两个问题,一方面由于地域环境因素,流域洪涝灾害严重,而配套设施和技术不完善,导致防洪抗灾过程中大量水资源被浪费;另一方面,水资源污染现象严重,根据对淮河流域水质情况分析,流域内水资源整体质量仍不容乐观。两方面因素导致流域内水资源使用形势严峻,若不加以重视,势必成为未来制约经济发展和社会进步的阻力。推进经济可持续发展是缓解"水危机"的新方向,而节水工作就是保障经济可持续发展的重要途径。

加强水资源节约和保护,增强经济可持续发展能力,首先就需要按照资源可持续利用的客观要求,健全水资源合理利用制度,以制度的强制性确保资源的有效利用,保证稀缺资源的合理使用。同时,合理开发新的水资源,不断提高水资源承载力,建成资源可持续利用的保障体系和科学合理的资源利用体系。其次,根据国家发展规划,加快转变经济发展方式,"引入循环经济,开发与节约并重,节约优先,按照减量化、再利用、资源化的原则,大力推进节能节水节地节材"。再次,在节水过程中,不仅强调地方政府参与可持续发展和节水工作中,流域机构更要发挥协调统筹的作用,更要"突破行政区划接线,形成若干带动力强、联系紧密的经济圈和经济带",推动各个区域协调发展。

淮河流域进行节水制度建设,要求从社会可持续发展的角度出发,以保障流域内各地区经济可持续发展为目标,形成推进全流域节水工作的制度保障。

3.2　现有节水管理制度评价

3.2.1　现有节水管理的政策法规依据

我国现有节水管理制度不仅体现于相关立法之中,还体现于其他规范性文件之中。就淮河流域而言,国家立法和相关部委颁发的某些规范性文件必然成为节水管理的主要政策法规依据。此外,流域内各行政区域的地方性立法亦是淮河流域节水管理制度的重要组成部分。

3.2.1.1　国家相关立法

目前关于节水管理的专门性立法未正式出台,有关节水管理的具体规定散见于宪法及相关水法规中。

(1)宪法

2004年3月修订的《中华人民共和国宪法》第一章"总纲"中第九条第二款规定:"国家保障自然资源的合理利用,保护珍贵的动物和植物。禁止任何组织或者个人用任何手段侵占或者破坏自然资源"。第十四条第二款又明确规定:"国家厉行节约,反对浪费"。此法中的"自然资源"即包括了水资源,而"节约"二字显然包含了节约用水的内容。因此,我国宪法的上述规定成为我国节水管理的最根本的法律依据。

(2)法律

①《中华人民共和国水法》

《中华人民共和国水法》由第九届全国人民代表大会常务委员会第二十九次会议于2002年8月29日修订通过,自2002年10月1日起正式实施。

新水法把节约用水和水资源保护放在突出位置,除总则中多处提到节约用水外,还专列一章阐述节约用水,即第五章"水资源配置和节约使用"。该章共12条,其中5条为节约用水的内容。新水法中规定的节约用水条款共有19条之多,与旧水法相比,增加了15条。该法针对全社会节水意识和节水管理工作薄弱,水价偏低,用水浪费严重,水的重复利用率低的问题,从"法律"这个层面上,实现了节水工作的制度创新。

新水法把"建立节水型社会"这一目标写入总则,并规定实行"开源与节流相结合,节流优先"的原则,明确"单位和个人有节约用水的义务""国家对用水实行总量控制和定额管理相结合的制度"。此外,新水法还强调应加强政府节水职责,并明确规定了节水管理工作中需实行的一系列节水制度,最终形成了从规划、设计、建设、利用、消费、流通到资源再生等各个环节较为完整的节水管理制度体系。

总之,突出节水是新水法的鲜明特点之一。新水法关于节水方面的规定体现了新时期完整的节水工作新思路,有较强的前瞻性和指导性,指明了我国节水工作发展的方向。

②《中华人民共和国清洁生产促进法》

《中华人民共和国清洁生产促进法》由第九届全国人民代表大会常务委员会第二十八次会议于 2002 年 6 月 29 日通过,自 2003 年 1 月 1 日起施行。

《清洁生产促进法》的立法目的是:提高资源利用效率,减少或避免污染物的产生和排放,保护和改善环境,保障人体健康,促进社会经济的可持续发展。水资源作为生产所需的重要资源,其利用效率的提高必然成为《清洁生产促进法》重点规范的内容之一。我国《清洁生产促进法》从节水产品标志、节水产品优先采购、废水循环使用、节水技术采用等方面对节水问题做出了较为细致的规定。

③《中华人民共和国农业法》

《中华人民共和国农业法》由第九届全国人民代表大会常务委员会第三十一次会议于 2002 年 12 月 28 日修订通过,自 2003 年 3 月 1 日起施行。

该法明确要求:各级人民政府和农业生产经营组织应当加强农田水利设施建设,建立健全农田水利设施的管理制度,节约用水,发展节水型农业,严格依法控制非农业建设占用灌溉水源。同时,还明确指出:国家对缺水地区发展节水型农业给予重点扶持。

④《中华人民共和国企业所得税法》

《中华人民共和国企业所得税法》由第十届全国人民代表大会第五次会议于 2007 年 3 月 16 日通过并公布,自 2008 年 1 月 1 日起施行。

为鼓励节约用水,该法明确规定:从事符合条件的环境保护、节能节水项目的企业所得,可以免征、减征企业所得税;企业购置用于环境保护、节能节水、安全生产等专用设备的投资额,可以按一定比例实行税额抵免;税收优惠的具体办法,由国务院规定。

《企业所得税法》的上述规定突出了国家的产业政策导向,有利于贯彻可持续发展战略,促进节约型社会建设。

⑤《中华人民共和国水污染防治法》

《中华人民共和国水污染防治法》于 2017 年 6 月 27 日由第十二届全国人民代表大会常务委员会第二十八次会议修订通过,自 2018 年 1 月 1 日起正式施行。

水污染防治与节水管理有着天然的、不可分割的关联性。新修订的《水污染防治法》要求造成水污染的企业进行技术改造,采取综合防治措施,提高水的重复利用率。此外,还明确规定:国家支持畜禽养殖场、养殖小区建设废水的综合利用或者无害化处理设施;在利用工业废水和城镇污水进行灌溉时,应防止污染土壤、地下水和农产品。

⑥《中华人民共和国循环经济促进法》

《中华人民共和国循环经济促进法》于 2008 年 8 月 29 日由第十一届全国人民代表大

会常务委员会第四次会议通过,自 2009 年 1 月 1 日起施行。

就节水而言,《循环经济促进法》明确提出:制定和完善节水标准;工业企业应加强用水计量管理,开展节水设施建设,鼓励和支持企业利用淡化海水;农业应建设和管护节水灌溉设施,提高用水效率,减少水的蒸发和漏失;餐饮、娱乐、宾馆等服务性企业应采用节水产品;鼓励和使用再生水;对节水产品实施税收优惠、贷款优惠和优先政府采购;等等。

(3)行政法规

①《取水许可和水资源费征收管理条例》

《取水许可和水资源费征收管理条例》(国务院令第 460 号)于 2006 年 1 月 24 日由国务院第 123 次常务会议通过,自 2006 年 4 月 15 日起施行。该条例出台的目的是"加强水资源管理和保护,促进水资源的节约与合理开发利用"。

对水资源依法实行取水许可制度和水资源费征收制度,是国家调控水资源需求、优化配置水资源、促进节约用水和有效保护水资源的基本法律制度,符合我国国情和建立社会主义市场经济体制的需要,也是实践证明行之有效的法律制度。

《取水许可和水资源费征收管理条例》明确将"开源与节流相结合、节流优先"作为实施取水许可的基本原则,并强调"实行总量控制与定额管理相结合"。此外,该条例还确立了水权转让的合法性,规定了计划用水和累进收取水资源费制度、建设项目水资源论证制度。尤其值得关注的是,为了提高农业用水效率,发展节水型农业,该条例首次明确提出对农业生产取水征收水资源费。

《取水许可和水资源费征收管理条例》的颁布实施,有利于促进我国经济结构调整和经济增长方式转变,推进节水型社会建设,促进水资源的合理配置与可持续利用。

②《企业所得税法实施条例》

《企业所得税法实施条例》(国务院令第 512 号)于 2007 年 11 月 28 日由国务院第 197 次常务会议通过,12 月 6 日公布,自 2008 年 1 月 1 日起施行。该条例实际上相当于以前的实施细则,是对《企业所得税法》的有关规定做的进一步的阐述,从而确保《企业所得税法》的顺利施行。

《企业所得税法实施条例》共 8 章 133 条,分为"总则、应纳税所得额、应纳税额、税收优惠、税源扣缴、特别纳税调整、征收管理、附则"八个部分。其中,该实施条例针对《企业所得税法》第 27 条第(三)项所称的"符合条件的环境保护、节能节水项目"范围及税收减免幅度做出了具体规定,并对《企业所得税法》第 34 条所称的"税额抵免"做出了细致的解释。

③《中华人民共和国抗旱条例》

《中华人民共和国抗旱条例》(国务院令第 552 号)于 2009 年 2 月 11 日由国务院第 49 次常务会议通过,2 月 26 日公布,自公布之日起施行。该条例制定目的是预防和减轻干旱灾害及其造成的损失,保障生活用水,协调生产、生态用水,促进经济社会全面、协调、可持续发展。

在节水方面,《抗旱条例》明确指出:国家鼓励和扶持研发、使用抗旱节水机械和装备,推广农田节水技术,支持旱作地区修建抗旱设施,发展旱作节水农业。此外,还强调开展节水改造和节水宣传。

（4）部门行政规章

①《城市节约用水管理规定》

《城市节约用水管理规定》（建设部令第1号）于1988年11月30日经国务院批准，1988年12月20日由建设部颁发，自1989年1月1日起实施。该规定适合用于城市规划区内节约用水的管理工作，其出台的目的是"加强城市节约用水管理，保护和合理利用水资源，促进国民经济和社会发展"。

《城市节约用水管理规定》在强调"城市实行计划用水和节约用水"的基础上，明确指出：国务院城市建设行政主管部门主管全国的城市节约用水工作，业务上受国务院水行政主管部门指导；应制定节约用水发展规划和节约用水年度计划；超计划用水必须缴纳超计划用水加价水费；用水单位应采取循环用水、一水多用措施；加强供水设施的维修管理，减少水的漏损量；等等。

②《城市用水定额管理办法》

《城市用水定额管理办法》（建城〔1991〕278号）于1991年4月25日由建设部、国家计委联合颁布，自颁布之日起实施。其制定的目的是"加强城市计划用水、节约用水管理，提高城市节约用水工作的科学管理水平，使城市用水定额制定工作规范化、制度化"。

《城市用水定额管理办法》明确指出：制定城市用水定额，必须符合国家有关标准规范和技术通则，用水定额要具有先进性和合理性；城市用水定额是城市建设行政主管部门编制下达用水计划和衡量用水单位、居民用水和节约用水水平的主要依据，各地要逐步实现以定额为主要依据的计划用水管理，并以此实施节约奖励和浪费处罚；城市建设行政主管部门负责城市用水定额的日常管理，检查城市用水定额实施情况；等等。

③《城市房屋便器水箱应用监督管理办法》

《城市房屋便器水箱应用监督管理办法》（建设部令第17号）于1992年4月17日由建设部颁发，2001年9月4日由建设部令第103号予以修正。其出台的目的是"加强对城市房屋便器水箱质量和应用的监督管理，节约用水"。

《城市房屋便器水箱应用监督管理办法》明确规定：新建房屋建筑必须安装符合国家标准的便器水箱和配件；应逐步推广使用节水型水箱配件和克漏阀等节水型产品；设置加价水费制度，并强调按本办法征收的加价水费按国家规定管理，专项用于推广应用符合国家标准的便器水箱和更新改造淘汰便器水箱，不得挪用；等等。

④《城市中水设施管理暂行办法》

《城市中水设施管理暂行办法》（建城〔1995〕713号）于1995年12月8日由建设部颁发，自发布之日起施行。其制定的目的是"推动城市污水的综合利用，促进节约用水"。

《城市中水设施管理暂行办法》在明确界定"中水"和"中水设施"概念的基础上，规定了中水的主要用途，要求凡水资源开发程度和水体自净能力基本达到资源可以承受能力地区的城市，应当建设中水设施，并根据建筑面积和中水回用水量明确规定了中水设施建设条件。该办法特别强调：中水设施应与主体工程同时设计、同时施工、同时交付使用；中水设施的管道、水箱等设备其外表应当全部涂成浅绿色，并严禁与其他供水设施直接联接；中水设施的出口必须标有"非饮用水"字样。

⑤《建设项目水资源论证管理办法》

《建设项目水资源论证管理办法》（水利部、国家发展计划委员会令第 15 号）于 2002 年 3 月 24 日由水利部和国家发展计划委员会联合发布。该办法出台的目的是"促进水资源的优化配置和可持续利用，保障建设项目的合理用水要求"。

《建设项目水资源论证管理办法》明确规定"建设项目利用水资源，必须遵循合理开发、节约使用、有效保护的原则"。此外，其附件《建设项目水资源论证报告书编制基本要求》明确将"节水措施与节水潜力分析"列入"建设项目用水量合理性分析"之中。

⑥《水利工程供水价格管理办法》

《水利工程供水价格管理办法》（国家发改委、水利部第 4 号令）于 2003 年 7 月 3 日由国家发展和改革委员会与水利部联合发布，自 2004 年 1 月 1 日起施行。其核心内容是建立科学合理的水利工程供水价格形成机制和管理体制，促进水资源的优化配置和节约用水。该办法的出台标志着我国水利工程供水价格改革进入了一个新的阶段。

《水利工程供水价格管理办法》明确了水利工程供水的商品属性，彻底改变了长期以来将水利工程水费作为行政事业性收费进行管理的模式，依法将水利工程供水价格纳入了商品价格范畴进行管理。此外，还确立了水利工程水价形成机制以及核价的原则和方法，明确水利工程供水价格按照补偿成本、合理收益、优质优价、公平负担的原则制定，并根据供水成本、费用及市场供求的变化情况适时调整。尤其值得一提的是，该办法规定了超定额累进加价、丰枯季节水价和季节浮动水价制度。

价格机制是促进节水的有效经济手段，《水利工程供水价格管理办法》的上述规定显然对于我国节水型社会建设具有十分重要的意义。

⑦《水量分配暂行办法》

《水量分配暂行办法》（水利部令第 32 号）于 2007 年 12 月 5 日由水利部颁布，自 2008 年 2 月 1 日起施行。此次《水量分配暂行办法》的出台，首次对跨行政区域的水量分配原则、机制做了较全面的规定。

合理、科学的水量分配是节水型社会建设的必要基础，也是节水管理中重要的一环。水资源以流域为自然单元，而一个流域又往往包括多个不同的行政区域。每个行政区域的发展都有水资源需求，而水资源总量是有限的，因此必须以流域为单元，将水资源在流域内的行政区域之间进行科学、合理的配置。

《水量分配暂行办法》特别强调：水量分配应当遵循公平和公正的原则，充分考虑流域与行政区域水资源条件、供用水历史和现状、未来发展的供水能力和用水需求、节水型社会建设的要求，妥善处理上下游、左右岸的用水关系，协调地表水与地下水、河道内与河道外用水，统筹安排生活、生产、生态与环境用水。

⑧《取水许可管理办法》

《取水许可管理办法》（水利部令第 34 号）于 2008 年 4 月 9 日由水利部公布，自公布之日起施行。

该办法作为《中华人民共和国水法》和《取水许可和水资源费征收管理条例》（国务院令第 460 号）的配套规章，对取水许可实施中需要进一步明确的事项和国务院 460 号令授权水利部另行规定的事项做出了具体的规定，内容涉及取水的申请和受理、取水许可的审查和决定、取水许可证的发放和公告、监督管理以及罚则等。

《取水许可管理办法》的出台,对于完善取水许可制度、增强有关制度的可操作性、推进取水许可制度的实施具有重要意义。

3.2.1.2　部门规范性文件

我国涉及节水的部门规范性文件较多,主要颁发机构有:国务院及其办公厅、国家发展和改革委员会(原国家计委)、水利部、建设部等。

(1)国务院及其办公厅发布的规范性文件

国务院及其办公厅发布的涉及节水的规范性文件详见表3-1。

表3-1　国务院及其办公厅发布的节水规范性文件

序号	文件名称	文号
1	《水利产业政策》	国发〔1997〕35号
2	《关于加强城市供水节水和水污染防治工作的通知》	国发〔2000〕36号
3	《关于开展资源节约活动的通知》	国办发〔2004〕30号
4	《关于推进水价改革促进节约用水保护水资源的通知》	国办发〔2004〕36号
5	《关于做好节约型社会近期重点工作的通知》	国发〔2005〕21号

(2)国家发展和改革委员会发布的规范性文件

国家发展和改革委员会(含原国家计委)发布的涉及节水的规范性文件详见表3-2。

表3-2　国家发展和改革委员会发布的节水规范性文件

序号	文件名称	文号
1	《关于印发改革水价促进节约用水的指导意见的通知》	计价格〔2000〕1702号
2	《关于印发改革农业用水价格有关问题的意见的通知》	计价格〔2001〕586号
3	《关于进一步推进城市供水价格改革工作的通知》	计价格〔2002〕515号
4	《关于印发建设节约型社会近期重点工作分工的通知》	发改环资〔2005〕1225号
5	《关于加强政府机构节约资源工作的通知》	发改环资〔2006〕284号

(3)水利部发布的规范性文件

水利部发布的涉及节水的规范性文件详见表3-3。

表3-3　水利部发布的节水规范性文件

序号	文件名称	文号
1	《关于全面加强节约用水工作的通知》	水资文〔1999〕245号
2	《水利产业政策实施细则》	水政法〔1999〕311号
3	《关于加强用水定额编制和管理的通知》	水资源〔1999〕519号
4	《关于印发开展节水型社会建设试点工作指导意见的通知》	水资源〔2002〕558号

（续表）

序号	文件名称	文号
5	《关于印发有关节水灌溉示范项目建设管理文件的函》	〔2003〕农水灌函字第 22 号
6	《关于加强节水型社会建设试点工作的通知》	水资源〔2003〕634 号
7	《关于印发节水型社会建设规划编制导则（试行）的通知》	水资源〔2004〕142 号
8	《关于水权转让的若干意见》	水政法〔2005〕11 号
9	《关于印发水权制度建设框架的通知》	水政法〔2005〕12 号
10	《关于印发节水型社会建设评价指标体系（试行）的通知》	水办资源〔2005〕179 号
11	《关于落实〈国务院关于做好建设节约型社会近期重点工作的通知〉进一步推进节水型社会建设的通知》	水资源〔2005〕400 号
12	《水利部〈节水型社会建设项目〉管理办法》	财经预〔2006〕63 号
13	《全国节水规划纲要（2001—2010）》	全节办〔2002〕2 号（由挂靠在水利部的全国节约用水办公室颁发）

（4）建设部颁发的规范性文件

住房和城乡建设部（原建设部）发布的涉及节水的规范性文件详见表 3－4。

表 3－4　建设部发布的节水规范性文件

序号	文件名称	文号
1	《节水型企业（单位）目标导则》	建城〔1997〕45 号
2	《关于进一步加强城市节约用水和保证供水安全工作的通知》	建城〔2003〕171 号

（5）各部委联合颁发的规范性文件

各部委联合颁发的涉及节水的规范性文件详见表 3－5。

表 3－5　各部委联合颁发的规范性文件

序号	颁发机构	文件名称	文号
1	建设部、国家经贸委、国家计委	《关于印发〈节水型城市目标导则〉的通知》	建城〔1996〕593 号
2	国家计委、建设部	《城市供水价格管理办法》（2004 年 11 月 29 日由国家发展改革委、建设部修订）	计价格〔1998〕1810 号；发改价格〔2004〕2708 号修订
3	国家经贸委、水利部、建设部、科技部、国家环保总局	《关于加强工业节水工作的意见》	国经贸资源〔2000〕1015 号
4	建设部、国家经贸委	《关于进一步开展创建节水型城市活动的通知》	建城〔2001〕63 号

（续表）

序号	颁发机构	文件名称	文号
5	建设部、国家发展和改革委员会	《关于全面开展创建节水型城市活动的通知》	建城〔2004〕115号
6	国家发展和改革委员会、水利部	《大型灌区节水续建配套项目建设管理办法》	发改投资〔2005〕1506号
7	国家发展和改革委员会、科技部、水利部、建设部、农业部	《中国节水技术政策大纲》	公告2005年第17号
8	中共中央宣传部、水利部、国家发展和改革委员会、建设部	《关于加强节水型社会宣传的通知》	水办〔2005〕382号
9	财政部、水利部	《关于印发〈节水灌溉贷款中央财政贴息资金管理暂行办法〉的通知》	财农〔2005〕279号
10	建设部、国家发展和改革委员会	《关于印发〈节水型城市申报与考核办法〉和〈节水型城市考核标准〉的通知》	建城〔2006〕140号
11	建设部、科学技术部	《关于印发〈城市污水再生利用技术政策〉的通知》	建科〔2006〕100号
12	财政部、国家发展和改革委员会、水利部	《关于印发〈水资源费征收使用管理办法〉的通知》	财综〔2008〕79号
13	财政部、国家发展和改革委员会和水利部	《关于中央直属和跨省水利工程水资源费征收标准及有关问题的通知》	发改价格〔2009〕1779号

3.2.1.3　地方相关立法

除国家立法和有关部委规范性文件外,我国各级地方政府也发布了一系列节水方面的地方法规,为当地的节水型社会建设奠定了良好的基础。淮河流域主要跨安徽、江苏、河南、山东四省,各省的节水地方立法工作均取得了一定的进展。

表3-6　淮河流域部分地方节水立法

省市		地方法规名称	颁布及实施时间
安徽省	省	《安徽省城市节约用水管理办法》	1996年6月28日通过,自1997年1月1日起施行。2004年6月21日修订
		《安徽省节约用水条例》	2015年7月17日通过,自2015年10月1日起施行
	合肥	《合肥市城市节约用水管理条例》	1998年12月25日通过,2008年12月20日修订
	蚌埠	《蚌埠市城市节约用水管理办法》	2017年5月24日发布实施
	淮北	《淮北市节约用水管理办法》	2007年10月12日颁布,自2007年12月1日起施行

（续表）

省市		地方法规名称	颁布及实施时间
江苏省	省	《江苏省水资源管理条例》	1993 年 12 月 29 日通过,2003 年 8 月 15 日修订,自 2003 年 10 月 1 日起施行
	徐州	《徐州市节约用水条例》	2007 年 11 月 30 日批准,自 2008 年 3 月 1 日起施行
	淮安	《淮安市节约用水管理办法》	2008 年 11 月 28 日颁布,自公布之日起实施
	泰州	《泰州市节约用水管理办法》	2009 年 2 月 26 日通过,自公布之日起实施
山东省	省	《山东省节约用水办法》	2003 年 1 月 7 日通过,自 2003 年 8 月 1 日起施行
		《山东省水资源条例》	2017 年 9 月 30 日通过,自 2018 年 1 月 1 日起施行
	日照	《日照市城市节约用水管理办法》	2006 年 11 月 2 日通过,自 2006 年 12 月 1 日起施行
	淄博	《淄博市节约用水办法》	2008 年 8 月 3 日通过,自 2008 年 10 月 1 日起实施
河南省	省	《河南省节约用水管理条例》	2004 年 5 月 28 日通过,自 2004 年 9 月 1 日起施行
	郑州	《郑州市节约用水条例》	2006 年 8 月 25 日通过,2006 年 12 月 1 日批准,2006 年 12 月 20 日公布,自 2007 年 2 月 1 日起施行
	平顶山	《平顶山市节约用水管理办法》	2010 年 12 月 10 日通过,2010 年 12 月 28 日公布施行

3.2.2　现有节水管理制度简介

淮河流域现有节水管理制度简图,如图 3-1 所示。

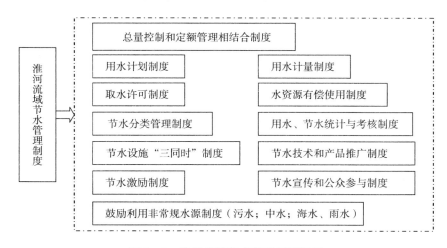

图 3-1　淮河流域节水管理制度简图

3.2.2.1　总量控制和定额管理相结合制度

我国《水法》明确规定："国家对用水实行总量控制和定额管理相结合的制度。"总量控制是节约用水的宏观控制指标，定额管理是微观控制指标。加强用水定额管理是实行总量控制的前提。

3.2.2.2　用水计划制度

用水计划是总量控制的直接依据。我国现有立法对于用水计划的制定和调整均有着较为具体的规定。

（1）区域年度用水计划的制定

《水法》第47条第3款规定："县级以上地方人民政府发展计划主管部门会同同级水行政主管部门，根据用水定额、经济技术条件以及水量分配方案确定的可供本行政区域使用的水量，制定年度用水计划，对本行政区域内的年度用水实行总量控制。"

（2）单位用水计划的下达

在行政区域制定年度用水计划的基础上，区域用水计划尚须分解并下达至各用水单位。虽然我国《水法》对此没有涉及，但淮河流域已有部分城市的地方立法对此做出了较为详细的规定。

（3）单位用水计划的调整

单位用水计划一经核定，原则上不得变更。但在符合法定条件的情形下，可以由用水单位提出变更申请。目前，淮河流域部分省、市已就此做出了具体规定，如：《江苏省水资源管理条例》第39条、《河南省节约用水管理条例》第10条和第11条、《淮北市节约用水管理办法》第12条、《淮安市节约用水管理办法》第11条、《淄博市节约用水办法》第15条。

3.2.2.3　用水计量制度

计量是实施定额管理，加强节水监督的基础。我国《水法》第49条第1款规定："用水应当计量，并按照批准的用水计划用水。"《循环经济法》第20条第2款规定："工业企业应当加强用水计量管理，配备和使用合格的用水计量器具，建立水耗统计和用水状况分析制度。"

淮河流域一些省市地方立法针对用水计量制度做出了更为细致而具体的规定，如：《江苏省水资源管理条例》第38条、《山东省节约用水办法》第12条、《合肥市城市节约用水管理条例》第15条、《淮北市节约用水管理办法》第13条、《淮安市节约用水管理办法》第14条、《郑州市节约用水条例》第15条。

3.2.2.4　取水许可制度

依据我国《水法》第7条之规定，国家对水资源依法实行取水许可制度。《取水许可和水资源费征收管理条例》（国务院令第460号）第15条则针对规定水量分配方案和取水许可总量控制指标的制定做出了具体规定。

作为《水法》和《取水许可和水资源费征收管理条例》的配套规章，2008年4月9日公布并施行的《取水许可管理办法》（水利部令第34号）对取水许可问题做出了更为具体、细致的规定，内容涉及取水的申请和受理、取水许可的审查和决定、取水许可证的发放和公告、监督管理以及罚则等。此外，淮河流域一些地方立法亦对取水许可做出了相应的规定。总体来看,我国已形成了较为完善的取水许可制度。

3.2.2.5　水资源有偿使用制度

依据我国《水法》第 7 条之规定,国家对水资源依法实行有偿使用制度。水资源有偿使用制度的确立,不仅有利于促进水资源的合理开发,而且有利于推进水资源的节约与保护。

综观我国水资源有偿使用制度,体现节约用水的主要内容如下:

(1)实行超额累进加价制

《水法》第 49 条第 2 款规定:"用水实行计量收费和超定额累进加价制度。"《取水许可和水资源费征收管理条例》第 28 条规定:"取水单位或者个人应当缴纳水资源费。取水单位或者个人应当按照经批准的年度取水计划取水。超计划或者超定额取水的,对超计划或者超定额部分累进收取水资源费。"淮河流域一些主要省、市的地方立法中则明确规定了针对超计划用水实施加价水费的具体征收标准。

(2)体现行业差别化

《取水许可和水资源费征收管理条例》明确指出:在制定水资源费征收标准时应"充分考虑不同产业和行业的差别"。

(3)限定水资源费用途

《取水许可和水资源费征收管理条例》第 36 条明确规定:"征收的水资源费应当全额纳入财政预算,由财政部门按照批准的部门财政预算统筹安排,主要用于水资源的节约、保护和管理,也可以用于水资源的合理开发。"此后颁布的《水资源费征收使用管理办法》不仅详细规定了水资源费的征收和缴库问题,还针对水资源费的使用管理问题做出了较为细致的规定。

3.2.2.6　节水分类管理制度

当前,淮河流域节水管理主要采用分类管理的方式,即将用水区分为生活用水和非生活用水,实施分类管理。对于居民生活用水实行按户计量收费,对于非生活用水实行计划用水管理。

(1)居民用水户:实行计量收费

淮河流域一些地方立法明确指出:居民生活用水实行按户计量收费。城市住宅小区应当按照"一户一表,计量出户"的要求逐步规范给水系统,实行阶梯式计量水价。

(2)非居民用水户或计划用水户:实行计划用水

淮河流域一些地方立法明确界定了"计划用水户"的范围,有的则将"非居民用水户"细分为"重点用水户"和"一般用水户"。在此基础上,对非居民用水户或计划用水户实施计划用水管理。如:要求计划用水户应根据用水定额和生产经营需要提出下年度的用水计划申请,报送当地水行政主管部门;建立健全用水统计台账及用水、节水管理规章制度;定期向市节水办或当地水行政主管部门报送用水、节水统计报表;指定专人具体负责节约用水工作;等等。

3.2.2.7　节水设施"三同时"制度

《水法》第 53 条规定:"新建、扩建、改建建设项目,应当制订节水措施方案,配套建设节水设施。节水设施应当与主体工程同时设计、同时施工、同时投产。供水企业和自建供水设施的单位应当加强供水设施的维护管理,减少水的漏失。"第 71 条规定:"建设项目的节水设施没有建成或者没有达到国家规定的要求,擅自投入使用的,由县级以上人民政府有关部门或者流域管理机构依据职权,责令停止使用,限期改正,处五万元以上十万元以下的罚款。"

此外,《中华人民共和国循环经济促进法》第 20 条及淮河流域各地方立法均规定了节水设施"三同时"制度。

3.2.2.8　用水、节水统计与考核制度

(1)用水、节水统计

用水、节水统计活动的开展,是顺利推进节水工作的必要基础和前提。当前,淮河流域一些地方立法已设置了相关用水、节水统计制度,如:《河南省节约用水管理条例》第 14 条、《合肥市城市节约用水管理条例》第 11 条、《淮北市节约用水管理办法》第 11 条、《徐州市节约用水条例》第 21 条、《淮安市节约用水管理办法》第 7 条、《郑州市节约用水条例》第 21 条。

(2)用水考核

用水考核有助于增强用水户的节水压力与动力。淮河流域仅个别地方立法设置了用水考核制度。其中《河南省节约用水管理条例》第 26 条、《淮安市节约用水管理办法》第 10 条仅对用水考核做出了简要的规定,《徐州市节约用水条例》则设置了更为详细的用水考核制度。

3.2.2.9　节水技术和产品推广制度

我国《水法》第 8 条明确规定:"国家厉行节约用水,大力推行节约用水措施,推广节约用水新技术、新工艺,发展节水型工业、农业和服务业,建立节水型社会。各级人民政府应当采取措施,加强对节约用水的管理,建立节约用水技术开发推广体系,培育和发展节约用水产业。单位和个人有节约用水的义务。"

综观当前立法,有关节水技术和产品推广制度主要体现为:①节水技术的研发、推广;②节水产品的推广;③节水产品的标准化;④高耗水工艺、设备和产品的强制淘汰。

3.2.2.10　节水激励制度

(1)水权交易制度

《取水许可和水资源费征收管理条例》第 27 条规定:"依法获得取水权的单位或者个人,通过调整产品和产业结构、改革工艺、节水等措施节约水资源的,在取水许可的有效期和取水限额内,经原审批机关批准,可以依法有偿转让其节约的水资源,并到原审批机关办理取水权变更手续。具体办法由国务院水行政主管部门制定。"2016 年,水利部颁布《水权交易管理暂行办法》规定,"获得取水权的单位或者个人(包括除城镇公共供水企业外的工业、农业、服务业取水权人),通过调整产品和产业结构、改革工艺、节水等措施节约水资源的,在取水许可有效期和取水限额内向符合条件的其他单位或者个人有偿转让相应取水权的水权交易。"

(2)节水奖励制度

《水法》第 11 条规定:"在开发、利用、节约、保护、管理水资源和防治水害等方面成绩显著的单位和个人,由人民政府给予奖励。"《取水许可和水资源费征收管理条例》第 9 条

规定:"任何单位和个人都有节约和保护水资源的义务。对节约和保护水资源有突出贡献的单位和个人,由县级以上人民政府给予表彰和奖励。"淮河流域各地方立法均设置了节水奖励制度,但存在一定的差异。

（3）政府扶持制度

① 节约用水专项资金

淮河流域个别省、市以立法方式明确设立了"节约用水专项资金",如:《河南省节约用水管理条例》第 28 条第 1 款、《淮北市节约用水管理办法》第 26 条、《淮安市节约用水管理办法》第 5 条。

② 财政补贴

《郑州市节约用水条例》第 40 条明确规定:"推广应用节水型设施、设备、器具及开展节约用水宣传、科研、奖励等所需费用,财政部门可给予补贴。"

③ 税收优惠

《循环经济促进法》第 44 条规定:"国家对促进循环经济发展的产业活动给予税收优惠,并运用税收等措施鼓励进口先进的节能、节水、节材等技术、设备和产品,限制在生产过程中耗能高、污染重的产品的出口。具体办法由国务院财政、税务主管部门制定。企业使用或者生产列入国家清洁生产、资源综合利用等鼓励名录的技术、工艺、设备或者产品的,按照国家有关规定享受税收优惠。"

④ 贷款优惠

《循环经济促进法》第 45 条规定:"县级以上人民政府循环经济发展综合管理部门在制定和实施投资计划时,应当将节能、节水、节地、节材、资源综合利用等项目列为重点投资领域。对符合国家产业政策的节能、节水、节地、节材、资源综合利用等项目,金融机构应当给予优先贷款等信贷支持,并积极提供配套金融服务。"

⑤ 政府优先采购

《清洁生产促进法》第 16 条规定:"各级人民政府应当优先采购节能、节水、废物再生利用等有利于环境与资源保护的产品。"《循环经济促进法》第 47 条规定:"国家实行有利于循环经济发展的政府采购政策。使用财政性资金进行采购的,应当优先采购节能、节水、节材和有利于保护环境的产品及再生产品。"

3.2.2.11　节水宣传与公众参与制度

（1）节水宣传制度

节水宣传是提高全民节水意识的必要前提。当前,淮河流域各地方性节水立法均规定了此项制度。如:《合肥市城市节约用水管理条例》第 5 条、《淮北市节约用水管理办法》第 7 条、《徐州市节约用水条例》第 7 条、《郑州市节约用水条例》第 6 条等。

（2）公众参与制度

《循环经济促进法》第 10 条第 3 款规定:"公民有权举报浪费资源、破坏环境的行为,有权了解政府发展循环经济的信息并提出意见和建议。"《山东省节约用水办法》第 8 条、《合肥市城市节约用水管理条例》第 21 条、《淄博市节约用水办法》第 5 条均原则性地规定了公众参与的主要方式,即对违反节水规定的行为进行举报。《河南省节约用水管理条例》第 6 条则将节水管理中的公众参与从"举报"扩充到"监督、制止、举报"。

3.2.2.12　鼓励利用非常规水源制度

非常规水利用主要包括污水、中水以及海水、雨水的利用等。

（1）污水利用

我国《水法》《清洁生产促进法》《水污染防治法》均对污水再生利用问题做出了规定。其中，《水污染防治法》第 44 条规定："国务院有关部门和县级以上地方人民政府应当合理规划工业布局，要求造成水污染的企业进行技术改造，采取综合防治措施，提高水的重复利用率，减少废水和污染物排放量。"

（2）中水利用

《城市中水设施管理暂行办法》明确规定了应建设中水设施的工程项目要求。淮河流域一些地方立法对此也做出了具体规定，如：《日照市城市节约用水管理办法》第 22 条、《淄博市节约用水办法》第 24 条、《郑州市节约用水条例》第 27 条。

（3）海水、雨水利用

《水法》第 24 条规定："在水资源短缺的地区，国家鼓励对雨水和微咸水的收集、开发、利用和对海水的利用、淡化。"《循环经济促进法》第 20 条第 4 款规定："国家鼓励和支持沿海地区进行海水淡化和海水直接利用，节约淡水资源。"

由上可见，节水管理制度在我国已初步建立。就淮河流域而言，各省、市在国家现有原则性规定基础上，也开展了地方性的节水管理制度建设工作，并取得了可喜的成果。

3.2.3　现有节水管理制度的局限性分析

尽管当前淮河流域节水管理制度体系已初步形成，但仍存在一些问题和不足，主要有：

（1）节水管理法律法规覆盖性较差

淮河流域共涉及五省四十多个地市，其中只有合肥、淮北、蚌埠、徐州、淮安、泰州、日照、淄博、郑州、平顶山等城市制定了有关节约用水的地方性法规或规章，地方节水立法比例较低。大多数的地方城市节水管理制度建设尚未取得明显成效。这些城市的节水管理工作缺乏有效的制度保障。

（2）节水地方立法协调性不强

综观当前淮河流域各地方立法，存在一些较为明显的不协调甚至冲突，如：节水规划与计划的制定主体不同；用水计划调整的条件要求不同；水平衡测试主体不同；节水统计主管部门不同；中水设施建设的项目要求不同等。

（3）节水管理制度体系不够完善

虽然，国家出台的相关法律法规已对一些重要的节水管理制度做出了规定，但多为原则性条款，欠缺可操作性，如：节水奖励制度、节水技术研究推广制度、公众参与制度等。

此外，一些与基本节水管理制度相配套的具体制度尚未设立，如：节水信息化建设制度、节水管理培训制度、节水文化建设制度、流域机构节水管理工作制度等。

3.2.4　淮河流域节水管理制度建设方向

流域节水管理制度体系的构建,是顺利开展流域节水管理工作的保障。节水管理制度建设是一个不断推进和完善的过程。对于国家已有的节水立法原则性规定,淮河流域尚需根据自身流域特点做进一步的细化和完善,以增强可操作性。对于存在的立法空白,则应开展相应的研究,尝试新制度的具体构建。

3.3　节水管理制度建设的总体要求

3.3.1　指导思想

全面贯彻党的十九大精神,以习近平新时代中国特色社会主义思想为指导,围绕统筹推进"五位一体"总体布局和协调推进"四个全面"战略布局,坚持创新、协调、绿色、开放、共享发展理念,紧密结合各地实际,强调节流与治污并重,构建政府调控、市场引导与公众参与有机结合的高效节水管理制度体系,为淮河流域节水管理提供有力的制度保障,实现淮河流域水资源的高效利用,促进流域经济社会发展与生态环境的和谐共存。

3.3.2　基本原则

(1)总量控制与定额管理相结合,以定额管理为核心

用水总量控制和定额管理相结合制度是我国《水法》规定的水资源基本管理制度,也是现阶段我国节水型社会制度体系的基石。但需指出的是,不同流域建设节水型社会的思路应有所不同,因为各流域水资源条件差异较大,区域经济社会发展水平也相去甚远。因此,节水管理制度建设必须紧密结合流域的特点。

在水资源紧缺地区,受制于水资源可利用总量的束缚,用水户和区域的用水指标主要受当地用水总量控制的约束。但在水资源相对丰富地区,鉴于水资源可利用量的约束力不强,促进用水效率与效益的提高就应更多地依靠用水定额管理。用水定额是衡量用水效率和节水水平的重要依据,丰水地区通过严格控制各行业用水定额,并按照用水定额来确定用水户的用水指标;对区域则通过严格控制区域综合用水定额,确定区域用水指标。因此,水资源相对丰富地区用水户和区域的用水指标主要通过用水定额来约束,并通过不断提高用水定额水平来提高全社会的用水效率与效益。简言之,以用水定额为基础的水权制度建设是水资源相对丰富地区节水型社会建设的核心内容。

淮河流域属于典型的水质性缺水区,因此定额管理应成为其节水管理制度建设的核心。定额管理不仅是总量控制的基础,同时也是建立促进节约用水和水资源保护的水价机制的基础。淮河流域节水管理制度建设应始终贯彻"总量控制与定额管理相结合、以定额管理为核心"的基本原则。

(2)行政与经济手段相结合,重视节水激励

节水管理强调多种管理手段的综合运用。节水管理制度应体现各种有效的管理手

段或措施。

　　节水管理制度建设必须解决节水动力问题。节水动力通常来自两个方面,一是内在节水动力,即社会成员因道德指引或经济激励而自觉、自愿地去节水;二是外界节水压力和推力,即通过行政约束,使社会成员感受到节水压力,从而推动其采取节水措施。当前,许多地方仍主要依靠行政手段推动节水,市场在水资源配置中的基础性作用未得到充分发挥,水资源开发利用的主体欠缺节水的内在动力,公众未真正参与到水资源管理中来,水资源短缺、水污染等主要问题未得到有效解决。淮河流域节水管理制度建设应不断挖掘内生动力,辅助外在推力,合力推动节水措施落实。

　　(3)节水与防污相结合,倡导再生水利用

　　淮河流域属于水资源较为匮乏的地区,水污染严重,污水排放量大,直接影响到可利用的清洁水源量。因此,淮河流域节水管理应注重节水与防污相结合。

　　水资源的节约一方面有赖于"节流",另一方面还应重视"开源"。淮河流域的"开源"应着眼于促进再生水的利用,以扩大可利用的水资源量。因此,推进污水处理后的循环利用应成为淮河流域节水管理的重心。

　　淮河流域节水管理制度建设应充分考虑节约用水与控制排污的关系,将排污量控制指标作为确定用水总量控制指标的重要参考,对排污企业采取更加严格的用水定额管理,以促进节水和治污并举。

第四章 淮河流域用水定额评估

用水定额管理是水资源管理的基础性工作,是节水型社会建设的重要任务之一。《中华人民共和国水法》第四十七条规定"国家对用水实行总量控制和定额管理相结合的制度",正式确定了用水定额管理制度的法律地位。科学合理的用水定额不仅可以规范用水,更重要的是可以引导全社会提高用水效率,进而实现水资源的可持续利用。根据水利部相关工作要求,流域机构负责对各省的用水定额开展了评估,从定额的覆盖性、合理性、实用性等方面进行了分析,为地方用水定额修订工作提供了指导。本章重点介绍淮河流域河南省、安徽省、江苏省、山东省的用水定额评估情况。

4.1 农业用水定额评估

4.1.1 定额编制及修订情况

(1)河南省

经对河南省历版《农业用水定额》研究对比,2009 年相对 2004 年版农业灌溉用水定额值未修订,仅调整了定额单位,由 m³/亩调整为 m³/hm²;其中畜牧业定额值在 2004 年版基础上,根据 2005—2007 年各市用水定额调研实际情况进行了调整。2014 年颁布的河南省农业用水定额相比 2009 年版,修订幅度较大,主要包括引入新的专业术语和定义、调整细化灌溉分区、引入农业灌溉用水基本定额调节系数、修订调整农业灌溉基本定额值等。

(2)安徽省

2014 年,安徽省修订颁布的《安徽省行业用水定额》(DB34/T 679—2014)中农林牧渔业涉及 7 个行业种类 38 个产品 190 个定额。近年来,安徽省农业、林业用水情况变化不大,涉及 5 个行业种类 155 个定额,本次修订略做调整,农作物净灌溉定额皖南山区、皖西山区由于自然条件相近,灌溉用水情况基本相同,定额指标合并修改为同一值;与农业灌溉净用水定额配套的水稻泡田净用水定额和灌溉水利用系数,作为正文发布。畜牧业根据新的国民经济行业分类标准,2 个行业种类原定额 4 个,经征求安徽省农业委员会意见,修改为 9 个,定额数据大部分有所调整;渔业 1 个行业种类原补水定额 5 个数据经反复调查研究,皖南山区、皖西山区也由于自然条件相近,补水情况基本相同,定额指标合并修改为同一值。

（3）江苏省

2004 年江苏省开展了灌溉用水定额编制工作,但由于部分地区存在灌溉试验资料系列不长和作物种类不全、内容不完善等问题,影响了数据的准确性和灌溉用水定额的应用。随着江苏农业种植结构的调整,原有的灌溉用水定额难以适应当前及今后一个时期灌溉管理、水资源管理的需要。2015 年江苏省首次正式向社会发布了《江苏省灌溉用水定额》并自 2015 年 3 月 1 日起实行。

（4）山东省

2010 年山东省质量技术监督局发布了《山东省主要农作物灌溉定额》(DB37/T 1640—2010),主要农作物灌溉定额涉及谷物、棉花、蔬菜、水果和坚果等类别,给出了山东省不同分区主要农作物地面灌溉 50％、75％保证率的净灌溉定额、毛灌溉定额,作物喷灌、微灌 85％保证率的净灌溉定额、毛灌溉定额。2015 年山东省进行了定额修订,山东省质量技术监督局以 2015 年第 18 号文件批准发布了《山东省主要农作物灌溉定额 第 1 部分:谷物的种植等 3 类农作物》(DB37/T 1640.1—2015)共涉及 3 个行业种类 7 个产品。与 2010 年版本相比,修订了井灌区Ⅰ区、Ⅱ区、Ⅲ区、Ⅳ区的作物毛灌溉定额;修订了引黄灌区Ⅱ区、Ⅲ区的作物毛灌溉定额;增加了淋洗灌水定额;删减蔬菜灌水定额。

山东省现行用水定额中均未对林业、牧业、渔业用水编制用水定额。

4.1.2 覆盖性评估

（1）农作物覆盖性

将四省统计年鉴与实际情况对比可知:河南省未列出芝麻、红薯、中药材 3 种农作物定额值,该 3 种农作物面积占河南省种植面积的 4.51％,已制定定额作物(行业)用水量占农业总用水量的 96.4％;安徽省已制定定额作物(行业)占实际作物种类的 61％,定额作物种植面积占总种植面积的 94.7％,已制定定额作物(行业)占农业总用水量的 94.4％;江苏省已制定定额作物(行业)占实际作物种类的 45.8％,定额涉及的作物种植面积占到全省作物播种面积的 93.32％,三大类农作物的播种面积所占比例都已经在 92％以上;山东省现有农业行业 5 大类,现行用水定额标准共制定了 3 个行业大类的用水定额标准,包含小麦、玉米、水稻、棉花、葡萄、苹果、梨等 7 种农作物,行业类别覆盖率为 33.3％,定额作物种植面积为 7605410 公顷,占全省作物总种植面积的 68.79％。

综上,四省农业灌溉用水定额覆盖性总体较好。

（2）林业、畜牧业、渔业覆盖性

经与相应年份统计年鉴比对,河南、安徽两省主要畜牧业、林业及渔业均有对应的用水定额值;江苏省、山东省未就主要畜牧业、林业及渔业制定用水定额。河南、安徽两省林业、畜牧业、渔业用水定额覆盖性较好,江苏省、山东省未覆盖。

4.1.3 合理性评估

根据《区域用水定额评估技术要求》,针对农业用水定额合理性评估,需从编制依据是否合理,是否通过调查和抽样工作方式确定定额,灌溉用水定额和渔业用水定额是否按区域制定,灌溉用水定额是否按照不同保证率区分,是否定期进行修订等几个方面进行评估。

(1)编制依据合理性

四省农业用水定额编制过程中,农业行业和灌溉作物的分类依据《国民经济行业分类》(GB/T 4754);分区主要农作物农业灌溉用水基本定额的提出依据《灌溉用水定额编制导则》(GB/T 29404—2012);喷灌、微灌等方法按照《节水灌溉工程技术规范》(GB/T 50363—2006);定额值以大量的灌溉试验资料为基础。

综上,四省农业用水定额编制依据充分合理。

(2)修订周期及方法合理性

根据调查,由于农业用水情况变化不大,河南省 2009 年对《行业用水定额》修订时未对农业用水定额进行修订,2014 年对农业用水定额进行了较大幅度的修订、调整,安徽、山东两省分别于 2014 年、2015 年对农业用水定额进行修订,江苏省于 2015 年首次发布灌溉用水定额。

定额修订时,首先细化了灌溉分区;其次抽样调查近几年农业用水资料以及各分区内的试验资料;最后综合分析确定不同保证率下的各分区的各农作物及渔业的用水定额,统计分析计算林业、畜牧业的用水定额。

综上,河南、安徽、山东三省农业用水定额的修订基本合理。

(3)定额值合理性

1)河南省

选取分区中的淮南区作为典型区。经调查,淮南区 2013 年降水频率为 87%,为枯水年份,2014 年降水频率为 58%,为平水偏枯年份。调研收集了典型区内三个灌区的水稻灌溉用水情况,如表 4－1 所示。典型区 50%保证率水稻灌溉用水定额为 350m³/亩,75%保证率水稻灌溉用水定额为 460m³/亩。经对比发现典型区水稻灌溉用水定额符合实际情况。

表 4－1 河南省三个灌区的水稻灌溉用水情况

灌区名称	2013 年			2014 年		
	毛灌溉用水量(万 m³)	实际灌溉面积(万亩)	亩均毛灌溉用水量(m³/亩)	毛灌溉用水量(万 m³)	实际灌溉面积(万亩)	亩均毛灌溉用水量(m³/亩)
石山口灌区	10421	20.5	508.3	2253	5.55	405.9
双轮河灌区	3160	7.3	432.9	3300	7.4	445.9
老龙埂水库崔井电灌站灌区(提水)	32.25	0.07	460.7	46.31	0.14	330.8
合计/平均	13613.3	27.9	488.5	5599.3	13.1	427.8

2)安徽省

依据安徽省农业用水定额分区,在每个分区内选择具有代表性的县区作为典型县,分析、计算其区域内 2014 年、2015 年主要农作物生育期灌溉需水情况,结果见表 4－2。

表 4-2　安徽省主要农作物灌溉需水情况　　　　　　　　　单位:mm

分区	淮北平原区			江淮丘陵区	沿江圩区	皖南山区	皖西山区
	北部	中部	南部				
典型县 年份　作物	萧县、灵璧	颍泉	怀远	霍邱、全椒、明光、定远、肥东	太湖、桐城	泾县、郎溪	舒城、宿松
2014 年降雨排频	60%	40%	60%	50%	60%	70%	50%
2014 早稻					125.4	183.4	206.2
2014 中稻			313.0	240.6	128.3	231.7	168.9
2014 晚稻					204.3	223.2	189.4
2014 小麦	154.3	135.7	98.6	126.6			
2014 玉米	28.4		0.0	45.4			
2014 大豆	18.2						
2014 油菜				118.2		56.5	
2015 年降雨排频	65%	60%	40%	40%	50%	40%	40%
2015 早稻					109.3	118.9	155.8
2015 中稻			266.2	210.8	154.7	254.8	317.7
2015 晚稻					218.7	243.8	299.4
2015 小麦	60.6	62.8	89.4	107.5			
2015 玉米	86.2	126.1		33.9			
2015 大豆	42.1	71.6					
2015 油菜				109.2			

　　通过对比安徽省主要农作物净灌溉定额发现,安徽省主要作物灌溉定额标准基本符合主要用水作物(安徽南部以中稻为代表,北部以小麦和玉米为代表)实际灌溉需水情况,定额值设置合理。

　　3)江苏省

　　表 4-3 给出了《江苏省灌溉用水定额》中作物综合灌溉定额数据。

表 4-3　江苏省作物综合灌溉用水定额表　　　　　　　　　单位:m³/亩

作物名称	徐淮片区 $P=80\%$	沿海片区 $P=85\%$	沿江片区 $P=90\%$	太湖片区 $P=95\%$	宁镇扬片区 $P=90\%$	里下河片区 $P=90\%$
水稻	583	626	622	647	603	601
玉米	82	86	59	—	74	53
麦类	84	91	—	—	66	—
棉花	73	85	—	—	—	—
瓜果	180	180	177	169	187	161

（续表）

作物名称	徐淮片区 $P=80\%$	沿海片区 $P=85\%$	沿江片区 $P=90\%$	太湖片区 $P=95\%$	宁镇扬片区 $P=90\%$	里下河片区 $P=90\%$
叶菜	132	137	112	112	117	107
油料	18	93	—	—	75	—

江苏省主要是以种植稻谷和麦类为主,其种植面积占总播种面积的 93% 以上,其中水稻是用水量最大的作物,因此,其水资源公报给出的农业灌溉水量主要反映了稻谷和麦类的灌溉用水量。表 4-4 给出了江苏近些年遭遇到干旱年时的农业灌溉用水量。可以近似地认为是水稻灌溉用水量。

表 4-4　江苏实际干旱年亩均灌溉水量

年份	农田亩均灌溉用水量（m³/亩）	降水	
		年型	频率
2001	518.2	偏枯	76.8
2002	541.3	偏枯	69.64
2004	534.9	枯水	87.5
2012	577.3	偏枯	64.9
2013	525.5	偏枯	81.3

从上表可知,江苏省在降水频率 P 为 $65\%\sim87\%$ 时,亩均用水量在 $518\sim577\mathrm{m}^3$ 之间,与《江苏省灌溉用水定额》确定的灌溉保证率 P 为 $80\%\sim95\%$ 时的水稻灌溉用水定额每亩 $582\sim647\mathrm{m}^3$ 基本符合。此外,考虑到灌溉保证率的差异,认为该定额基本符合江苏水稻灌溉规律。

4）山东省

根据对山东省用水情况的实际摸底调查,山东省农业用水情况与《山东省主要农作物灌溉定额　第 1 部分:谷物的种植等三类农作物》（DB37/T 1640.1—2015）的对比分析详见表 4-5。

表 4-5　山东省农业用水定额与现状用水水平对比情况表

行业类别名称	单位名称	产品	用水水平		山东省定额值			分区	符合情况
			单位	值	50%	75%	85%		
谷物的种植	聊城市位山灌区	小麦	m³/亩	140	180	200	170	Ⅱ区	符合
		玉米	m³/亩	48.8	70	100	—		符合
棉花的种植		棉花	m³/亩	70	120	150	—		符合
谷物的种植	栖霞县(市)官道镇龙门口村	小麦	m³/亩	77	122	160	144	Ⅴ区	符合

（续表）

行业类别名称	单位名称	产品	用水水平		山东省定额值			分区	符合情况
			单位	值	50%	75%	85%		
谷物的种植	济南市平阴县田山灌区	小麦	m³/亩	168.1	170	190	170	Ⅲ区	符合
		玉米	m³/亩	84.3	60	90	—		符合
棉花的种植		棉花	m³/亩	50	95	120			符合

通过对比分析,山东省主要作物灌溉定额标准基本符合主要用水作物实际灌溉用水情况,定额值设置合理。

4.1.4　实用性评估

（1）水资源规划工作方面

水资源规划工作主要应用于相关规划中现状用水水平分析、节水潜力分析和需水预测方面。四省以定额为基准,结合作物种植、工程配套等实际情况,计算农业灌溉需水量,进而预测农业需水总量。

（2）农业灌溉用水管理方面

农业灌溉用水管理主要应用于核验计划用水。四省在制定灌区用水方案、流域用水分配方案等工作中,以农业用水定额为依据,结合灌溉分区和作物种植结构,将用水定额管理贯穿到农业用水计划中。

（3）节水型社会建设

节水型社会建设主要应用于农业节水示范工程建设中。从立项审批到项目验收四省都以农业用水定额为标准。

4.1.5　先进性评估

（1）河南省

根据河南省各分区的位置及水文气象条件,本次主要选取豫北平原区及淮北平原区的定额值进行先进性评估。河南省各区及相邻地区情况见表4-6所列。

表4-6　河南分区及相邻地区情况表

河南灌溉分区	对比地区
豫北平原区	河北太行山山前平原区
豫东平原区	山东鲁西南
淮北平原区	安徽淮北平原区
豫北山丘区	山西晋东南区
南阳盆地区	湖北汉江中上游区
江淮区	安徽江淮丘陵区

1)豫北平原区定额值先进性评估

根据《河北省行业用水定额》,河北省农业灌溉用水定额中含不同土壤类型的用水定额,河南省中未明确不同土壤类型对应用水定额。根据调查豫北平原区的土壤类型主要为壤土,为便于比较,本次选取河北灌溉定额中太行山山前平原区的壤土农作物灌溉定额进行对比。各作物对比情况见表4-7。

表4-7 河南省豫北平原区与河北太行山山前平原区主要农作物灌溉定额值对比

作物种类	保证率	豫北平原区	河北太行山山前平原区
小麦	50%	120	140
	75%	160	200
玉米	50%	45	45
	75%	90	100
水稻	50%	490	450
	75%	640	500
花生	50%	70	60
	75%	110	135
大豆	50%	80	40
	75%	120	60
棉花	50%	55	100
	75%	105	140
渔业	75%	510	820

注:* 河北太行山山前平原区没有对应的定额值,系引用河北燕山丘陵平原区定额值。

根据上表对比结果,豫北平原区小麦、玉米、棉花、75%保证率的花生和渔业的定额值相对先进,水稻、大豆及50%保证率的花生的定额值相对宽松。

2)淮北平原区

根据《安徽省行业用水定额》,安徽淮北平原区分三个部分,南部、中部、北部。根据河南省淮北平原区的位置,本次选取安徽淮北平原的中部与其对比。对比情况见表4-8。

表4-8 河南省淮北平原区与安徽淮北平原区中部灌溉定额值对比

作物种类	保证率	淮北平原区	安徽淮北平原区中部
小麦	50%	140	30
	75%	130	60
玉米	50%	45	40
	75%	90	75
水稻	50%	395	200
	75%	520	220

（续表）

作物种类	保证率	淮北平原区	安徽淮北平原区中部
花生	50%	80	0
	75%	120	40
大豆	50%	85	30
	75%	125	75
棉花	50%	55	40
	75%	105	75
渔业	75%	547	480

根据上表分析,河南淮北平原区灌溉定额值及渔业用水定额值均宽松于安徽淮北平原区中部,尤其是小麦、75%保证率的水稻、花生的定额值远远大于安徽淮北平原区中部定额值。

（2）安徽省

在地理位置、气候特征、作物种植模式与灌溉用水水平等定额影响因素方面,江苏省宁镇扬六合区、湖北省鄂东北区、江西省赣北区与安徽省沿江圩区基本类似,浙江省Ⅳ区（山区,杭州临安市、淳安县、开化县等）与安徽省皖南山区类似,而江苏省徐淮片区、山东省鲁南区、河南省豫东平原区与安徽省淮北平原区北部较为相似。

安徽省地处南北过渡带,淮河以南（尤其是沿江圩区和皖南山区）农田多为水田,主要作物为水稻、小麦、玉米等,其中水稻灌溉用水占灌溉用水量的绝大部分,淮河以北农田多为旱田,主要作物为小麦、玉米、大豆等。安徽省南部水稻种植区及主要邻近省份水稻灌溉用水定额见表4-9。

表4-9　安徽省南部及邻近省份水稻灌溉用水定额统计表

地区	早稻			单季稻			晚稻		
	50%	75%	90%	50%	75%	90%	50%	75%	90%
安徽省皖南、皖西山区	120~150	150~187		110~150	170~210	245~290	145~241	170~220	
浙江省Ⅳ区（山区）	220	270	310	295	355	395	260	305	340
安徽省沿江圩区	130~175	160~205	195~255	150~170	190~240	260~310	155~210	225~280	
湖北省鄂东北区	238	278	299	238	278	299	238	278	299
江西省Ⅱ区（赣北区）	182	200	227	182	200	227	182	200	227
江苏省宁镇扬片区						572			

上表中浙江省定额指田间用水定额,含田间水量损失但不含虑渠系输水损失。江西

省和安徽省定额均为充分灌溉模式下全生育期田间净用水定额,未考虑田间水量损失和渠系输水损失。江苏省为综合灌溉用水定额。

按照节水灌溉工程技术规范,水稻灌区田间水利用系数不应低于0.95,考虑田间水利用系数,安徽及邻近省份水稻灌溉定额见表4-10。

表4-10　安徽省南部及邻近省份水稻灌溉用水定额对比

地区	早稻			单季稻			晚稻		
	50%	75%	90%	50%	75%	90%	50%	75%	90%
安徽省皖南、皖西山区	126~158	155~197		116~158	179~221	258~305	153~254	179~234	
浙江省Ⅳ区(山区)	220	270	310	295	355	395	260	305	340
安徽省沿江圩区	137~179	168~216	205~268	158~179	200~253	274~326	163~221	237~295	
湖北省鄂东北区	238	278	299	238	278	299	238	278	299
江西省Ⅱ区(赣北区)	182	200	227	182	200	227	182	200	227

表4-10中安徽省皖南、皖西山区与浙江省Ⅳ区(山区)在地理位置、降雨、气候等方面均较为接近,但表中安徽省早、中、晚稻用水定额值均低于浙江省,部分定额值仅为浙江省对应值的50%左右。安徽省沿江圩区在地理位置、降雨、气候等方面与湖北省鄂东北区以及江西省Ⅱ区(赣北区)较为接近,而水稻灌溉用水定额值同江西省基本一致,但明显低于湖北省。

表4-11　安徽省及邻近省份主要旱作物灌溉用水定额统计表

地区	小麦			玉米			大豆		
	50%	75%	90%	50%	75%	90%	50%	75%	90%
安徽省淮北平原区北部	60	90		60	90		60	90	60
江苏省徐淮片区		83.6 (80%)			81.7 (80%)			84.2 (80%)	
山东省鲁南区	140	160		30	60				
河南省豫东平原区	140	170		85	95		85	125	

表4-11中数据除江苏省外均为净灌溉定额,未考虑渠系损失和田间损失。从表4-11中可以看出,与安徽省淮北平原区北部相邻的山东省鲁南区、河南省豫东平原区,在50%、75%两种灌溉保证率下的小麦灌溉用水定额均大于安徽省;玉米灌溉用水定额,山

东省最小,河南省最大;大豆灌溉用水定额也是河南省大于安徽省。

综合分析表 4-10 及表 4-11 中数据,在保证率、水文气象等条件基本相似的前提下,安徽省主要农作物灌溉用水定额要低于周边省份。

(3)江苏省

1)农田灌溉水有效利用系数指标对比

农田灌溉水有效利用系数是指一次灌水期间可被作物吸收利用的水量(净灌溉用水量)与灌区从水源取用的灌溉总水量(毛灌溉用水量)的比值。根据《2015 年度江苏省农田灌溉水有效利用系数测算分析成果报告》,江苏省 2015 年农田灌溉水利用系数为0.598,与江苏省 2015 年农田灌溉水有效利用系数考核目标值 0.58 相比,优于考核目标。

另外,江苏省 2015 年农田灌溉水有效利用系数与周边省(市)(浙江省、上海市和福建省)相比,高于浙江省和福建省,但与上海等全国农业用水水平先进的省份相比,仍存在一定差距。与全国农田灌溉水利用系数控制目标 0.55 相比,江苏省 2015 年农田灌溉水有效利用系数处于全国平均水平之上。详见表 4-12。因此,从农田灌溉水有效利用系数角度看,江苏省农业用水水平较为先进。

表 4-12　各地区农田灌溉水有效利用系数

农田灌溉水有效利用系数	浙江	江苏	福建	上海	全国
2015 年	0.582	0.598	0.533	0.735	—
2015 年控制指标	0.581	0.58	0.54	0.73	0.55

2)农田灌溉亩均用水量指标对比

农田灌溉亩均用水量体现了农业用水效益的高低。根据 2015 年江苏省、浙江省以及福建省水资源公报,得到各省区农田亩均灌溉用水量,详见表 4-13。

表 4-13　各地区农田灌溉亩均用水量　　　　　　　　单位:m³/亩

农田灌溉水亩均用水量	浙江	江苏	福建	全国
2015 年	345	478	636	394

经对比,江苏省 2015 年农田灌溉亩均用水量为 478m³,高于浙江省和全国平均水平,但低于福建省。

综上分析,从农田灌溉水有效利用系数和农田灌溉亩均用水量两个指标来看,江苏省农业用水定额标准较为先进。

(4)山东省

农作物灌溉用水定额受降雨、温度、蒸发、水源状况等多种因素影响,同一种作物在不同地区的灌溉用水定额虽有一定差别,但在类似或邻近地区其差别不大,具有一定可比性。比较表 4-11 用水定额,可以看出山东与河南的农业用水定额较接近,宽松于安徽农业用水定额。

4.2　工业用水定额评估

4.2.1　定额编制及修订情况

(1)河南省

河南省工业用水定额标准于 2004 年颁布,经两次修订。2014 年对主要工业用水行业主要产品按已有 111 个行业共 504 项用水定额进行修订,修订的重点包括钢铁、火力发电、石油石化、化工、食品、纺织、造纸、制革及有色金属等高用水、高耗水、高污染行业的重点产品用水定额。另外,补充了方便食品制造业、棉化纤纺织印染业、造纸业、印刷业、石油加工业、基础化学原料制造业、肥料制造业等 27 个行业 57 种产品用水定额;原有 6 项产品名称重复或名称不严谨且在实际应用中不便操作的定额项目,在新修订时进行归类、限定或剔除。

(2)安徽省

《安徽省行业用水定额》在 2007 年首次颁布实施,其中涉及工业 66 个行业种类 121 个产品 153 个定额。2014 年,经修订后颁布的《安徽省行业用水定额》(DB34/T 679—2014),涉及工业 106 个行业种类 192 个产品 221 个定额。

(3)江苏省

2001 年,江苏省首次开展了用水定额的编制工作,涵盖城市生活、工业中的 132 个行业 414 个产品 449 个定额值。2005 年,江苏省第一次对 2001 年制定的用水定额进行了大规模修订,省水利厅、省质量技术监督局首次联合公布了《江苏省工业和城市生活用水定额》,主要涉及工业行业中三大门类的 113 个子行业 412 个工业产品的 443 个定额值。2010 年,江苏省开展了第二次定额修订,发布了《江苏省工业用水定额》,共制定了 130 个行业 398 个产品的 457 个用水定额。与原定额相比,仅修订了工业用水定额,其他服务业、城市生活等定额未做修订,仍按 2005 年制定的用水定额标准执行。共新增产品定额 89 个,淘汰产品定额 69 个,修订定额值 324 个。2014 年,江苏省水利厅、质量技术监督局联合对 2005 年发布实施的《江苏省工业和城市生活用水定额》中的城市生活和 2010 年发布实施的《江苏省工业用水定额》中的工业用水定额进行修订,涉及工业方面的火电、化工、造纸、冶金、纺织、建材、食品、机械等八大高用水行业和城市生活用水的 172 个子行业 301 个产品的 330 个定额值。与原定额值相比,共新增产品定额 25 个,淘汰产品定额 165 个,修订定额值 330 个。

(4)山东省

2010 年山东省质量技术监督局发布了《山东省重点工业产品取水定额》(DB37/T 1640—2010),并于同年 8 月 1 日开始实施。2015 年山东省开展了定额修订,山东省质量技术监督局以 2015 年第 18 号文件批准发布了《山东省重点工业产品取水定额　第 1 部分:烟煤和无烟煤开采洗选等 57 类重点工业产品》(DB37/T 1639.1—2015),共涉及 48 个行业种类 138 个产品。

4.2.2　覆盖性评估

将四省国民经济和社会发展统计公报和统计年鉴中的主要工业产品与本省定额标准进行对比。发现四省制定用水定额的工业行业占该省规模以上工业行业的比例为:河南省87.5%,安徽省87%,江苏省84.2%,山东省51.22%。

综上,河南、安徽、江苏三省工业用水定额覆盖性较好,山东省工业用水定额覆盖性一般。

4.2.3　合理性评估

(1)编制依据合理性

四省工业用水行业分类及代码编制,均依据《国民经济行业分类与代码》(GB/T 4754—2011);定额修订过程中参考依据本省各地市水利局水资办资料、典型工业企业填报的用水调查表、相关水平衡测试成果等资料,定额修订资料较翔实,基本覆盖了各行各业、信息较全面(包括企业生产规模、近几年年平均取用新水量、年平均产量、主要生产工序、主要用水环节等),基本反映了各地区、各行业的现状实际节水水平和生产状况,数据真实可靠,可以用于统计分析计算。编制依据充分合理。

(2)修订周期及方法合理性

河南、安徽、江苏、山东四省分别于2004年、2007年、2001年和2010年以地方标准的形式颁布工业用水定额。河南省分别于2009年和2014年对工业用水定额进行修订,安徽、山东两省分别于2014年和2015年完成工业用水定额的修订,江苏省分别于2005年、2010年、2014年对工业用水定额进行了修订。

据调查,四省在制定工业用水定额时均针对不同行业特点采用如下原则:对高耗水行业产品用水定额的制定采用了以供定需、合理配置的原则和科学性原则;对高污染行业产品用水定额的制定采用了节水防污并行原则及先进性原则。

(3)定额值合理性

1)河南省

根据实地调研资料收集情况,河南省工业用水定额合理性评估选取火电行业做代表,对火电行业用水定额与实际生产用水情况进行对比分析。火电行业用水资料主要通过收集水平衡测试、取水许可核验材料、工业用水情况调查表等方式获取。评估中将收集到的郑州市郑东新区热电有限公司、神华国华孟津发电厂和大唐洛阳首阳山发电厂三家电厂单位发电取水量与相应定额值对比,经对比发现河南省火电行业用水定额符合河南省实际情况,制定合理。

2)安徽省

安徽省工业用水定额评估过程中收集到烟煤和无烟煤的开采洗选、铁矿采选、常用有色金属矿采选、谷物磨制等17个工业行业共68个有效样本,单位产品用水水平符合现行定额标准的共有41个(其中优于现行定额标准的9个),占60%;其余27个均大于现行用水定额标准,占40%。说明工业用水定额标准同现状工业用水水平基本一致,符合现状工业用水状况,且处于相对严格水平,能够在一定程度上起到督促、引领工业节水的作用。

调查收集到火电行业用水资料29份,其中采用循环冷却供水系统火电企业用水样本 17 份,有 9 份单位产品用水水平超出定额标准,占比 53%,其余 8 份均符合现行定额标准;采用生物质发电的火电企业用水样本 5 份全部符合现行定额标准;采用直流水冷却系统的火电企业用水样本 7 份,其中 3 份单位产品用水水平超出定额标准,占比 43%,其余 4 份均符合现行定额标准。根据统计结果,调查样本中 59% 火电企业实际用水水平符合安徽省火电行业用水定额标准,41% 火电企业产品用水水平高于定额标准。说明现行火电行业用水定额标准符合多数火电企业用水水平。

　　3)江苏省

　　江苏省用水定额与现状用水水平对比分析,主要针对工业中的高耗水行业。鉴于 2014 年火电企业用水数据暂未获得,故现状水平年火电企业采用了 2013 年用水调查数据,其余采用 2011 年全国水利普查数据,具体如表 4-14。

表 4-14　江苏省用水定额与现状用水水平对比表

行业名称	产品名称	定额单位	用水定额标准	现状平均水平
火电行业	直流式	$m^3/(MW \cdot h)$	0.38~0.90	0.76
	循环式		0.4~2.39	1.2
钢铁行业	生铁	m^3/t	1.0~1.5	1.3
	钢材	m^3/t	0.45~0.75	0.7
	钢管	m^3/t	4	1.8
	钢丝绳	m^3/t	4.5	0.3
	钢丝	m^3/t	4	0.3
石化和化工行业	焦炭	m^3/t	1.2	1.2
	合成氨	m^3/t	13	2.3
	羊毛衫	m^3/t	225	101.37
食品行业	啤酒	m^3/kL	5~5.5	3.71
	白酒	m^3/t	11~30	12.72
	酒精	m^3/t	10~30	7.1

　　对比分析可知,用水定额值与现状用水水平基本一致。

　　江苏省工业用水定额标准是按照《国民经济行业分类》规定的行业划分,结合本省的经济结构特点、经济发展水平以及现状用水水平制定。其中部分行业产品按照生产规模、生产工艺分别制定了定额值。因此,江苏省工业用水定额满足合理性要求。

　　4)山东省

　　山东省工业用水定额评估过程中共收集到有效样本 41 份,其中实际用水情况符合用水定额标准的样本 28 份,占比 68%,其余 13 份样本用水水平均大于用水定额标准,占比 32%。说明工业用水定额标准同现状工业用水水平基本一致,符合现状工业用水状况,能够在一定程度上起到督促、引领工业节水的作用。

4.2.4　实用性评估

　　工业用水定额实用性评估,主要评估:(1)工业用水定额是否应用于工业用水管理;(2)是否应用于水资源论证、取水许可审批、计划用水管理和考核节水型企业创建工作。

经调查,用水定额实施后,四省参照用水定额,强化用水监控管理,对纳入取水许可管理的单位和其他用水大户实行计划用水管理。要求新建和改、扩建项目单位编制节水措施方案,采用先进节水技术工艺和设备器具,及时建设配套节水设施。在建设项目取水许可审批工作中,要求水资源论证报告中必须包含节水评估内容,否则不予审批。

4.2.5　工业用水定额先进性评估

工业用水定额先进性评估,主要从以下两个方面开展:(1)工业用水定额是否制定先进定额等级;(2)将本地区用水定额与取水定额国家标准、节水型企业国家标准、清洁生产国家标准、国际先进用水水平和其他省区定额进行比较和分析,确定是否先进。如河南省行业用水定额,均在定额值基础上又确定了定额调节系数,并把定额值乘以调节系数的最小值作为行业定额准入值,主要应用于新建、改建的建设项目水资源论证及取水许可水量的核定。

本次将四省火电行业、造纸行业、化工行业和钢铁与冶炼行业与国家标准及其他省区定额进行对比分析。

(1)火电行业先进性分析

将河南、山东、江苏、安徽、陕西、河北、国家取水定额及节水型企业技术考核指标对比,见表 4-15 所列。

河南省火电行业用水定额按直流冷却、循环冷却两种冷却方式,在单位发电取水量指标[$m^3/(MW \cdot h)$]下,就 300MW 以下、300MW、300M 以上三种单机容量,给出了 6 个产品定额值。

安徽省火电用水定额,按循环冷却和直流冷却两种冷却方式,在单位发电量取水指标[$m^3/(MW \cdot h)$]下,就 300MW 以下、300MW、600MW 及以上三种单机容量,共制定了 6 个产品定额。

江苏省主要按循环冷却、直流冷却两种冷却方式,在单位发电量取水指标[$m^3/(MW \cdot h)$]下,就 300MW 以下、300MW 与 500MW 之间、500MW 以上三种单机容量,制定了产品定额值。江苏省火电行业定额标准分类详细,符合当地的实际情况。每一个级别的单机容量制定用水定额时,根据电厂设备的实际情况,按照现有和新、改、扩建分别制定了用水定额值,同时除了循环冷却和直流冷却外,还增加了燃气机组、背压式机组和海水循环冷却的用水定额值,使得火电行业用水管理更加精细化。

山东省按循环冷却、直流冷却、空气冷却三种冷却方式,在单位发电量取水指标[$m^3/(MW \cdot h)$]就 300MW 以下、300MW、600MW 级及以上三种单机容量,制定了 9 个产品定额值,河南省定额在冷却方式、单机容量的分类方面落后于山东省。

陕西省按循环冷却、空冷两种冷却方式,按 300MW 以下、300MW、600MW 级及以上三类单机容量;按单位发电取水量[$m^3/(MW \cdot h)$]与单位装机容量取水量[$m^3/(s \cdot GW)$]两类定额指标制定了 12 个定额值。在取水指标定额分类上,陕西省定额分类较河南省分类详细。

河北省对火力发电行业制定了考核值与准入值,其中考核值单位为 $m^3/(MW \cdot h)$、准入值单位为 $m^3/(s \cdot GW)$,单机容量分<300MW、≥300MW、≥600MW 共三类,共 18 个定额值。

表 4-15 火电行业定额值对比表

行业名称	产品名称		单位	国家标准	节水型企业技术考核指标	河南省(备注)	安徽省	江苏省		山东省	陕西省	河北省
火力发电	循环冷却	单机容量<300MW	m³/(MW·h)	3.2	≤1.85	2(1.0~1.5) 单机容量<300MW	3.2	新、改、扩建 2.2	现有 2.07	3.2	3.2	0.88
		单机容量300MW级	m³/(MW·h)	2.75	≤1.71	1.5(1.0~1.2) 单机容量300MW级	2.75	新、改、扩建 2.03	现有 2.39	2.8	2.75	0.77
		600MW级及以上	m³/(MW·h)	2.4	≤1.68	1(1.0~1.5) 300MW级及以上	2.4	新、改、扩建 1.94	现有 2.13	2.4	2.4	0.75
	直流冷却	单机容量<300MW	m³/(MW·h)	0.79	≤0.41	0.6(0.9~1.0) 单机容量<300MW	100~120	新、改、扩建，不包括循环用水 0.48	现有，不包括循环用水 0.90	0.79	—	0.19
		单机容量300MW级	m³/(MW·h)	0.54	≤0.34	0.38(1.0~1.1) 单机容量300MW级	90~100	新、改、扩建，不包括循环用水 0.39	现有，不包括循环用水 0.42	0.54	—	0.12
		600MW级及以上	m³/(MW·h)	0.46	≤0.33	0.33(1.0~1.1) 300MW级及以上	70~90	新、改、扩建，不包括循环用水 0.39	现有，不包括循环用水 0.42	0.46	—	0.11
	空气冷却	<300MW	m³/(MW·h)	0.95	≤0.45	—	—	—		0.95	0.95	0.23
		300MW级	m³/(MW·h)	0.63	≤0.38	—	—	—		0.63	0.63	0.15
		600MW级及以上	m³/(MW·h)	0.53	≤0.37	—	—	—		0.53	0.53	0.13

注：除河南省外，表中单机容量300MW级包括300MW≤单机容量<500MW的机组，单机容量600MW机组及以上包括单机容量≥500MW的机组。

经对比发现,河南省循环冷却机组用水定额低于全国火力发电定额先进值,用水水平较高;直流冷却机组用水定额与全国火力发电定额先进值一致,用水水平较高。与节水型企业用水指标相比,河南省循环冷却机组用水定额处于全国中等水平,较安徽、江苏、山东、陕西四省先进;河南省直流冷却机组用水定额处于领先水平,较山东、江苏、陕西三省先进。安徽、山东两省火电行业用水定额标准持平,在周边省份横向比较中处于中等偏先进水平,江苏省用水定额水平介于河南、山东之间。

(2)造纸行业先进性分析

我国纸及纸板的生产量和消费量均居世界第一位,随着世界经济格局的重大调整和我国经济社会转型的明显加速,我国造纸工业发展面临的资源、能源和环境的约束日益突显。行业产品范围涉及纸浆、机制纸及纸板、加工纸、手工纸等。造纸和纸制品生产过程中需要消耗大量的水,属于高耗水行业。

将河南、安徽、江苏及山东四省造纸行业与国家标准、周边省份同类产品定额值对比分析见表 4-16、表 4-17、表 4-18 所列。总体来说,河南省造纸及纸制品业用水定额较为先进,处于国家先进用水水平。

河南省造纸及纸制品业分纸浆制造、造纸、纸制品制造 3 个行业分类,纸浆分漂白化学非木(麦草、芦苇、甘蔗渣)浆、脱墨废纸浆、未脱墨废纸浆、漂白化学木(竹)浆、本色化学木(竹)浆、机械木浆 6 类,造纸分新闻纸、生活用纸、包装用纸、印刷书写纸 4 类,纸制品制造分箱纸板、黄纸板、白纸板、瓦楞纸板 4 类。共 13 个定额值,其中纸浆定额单位均为 m^3/Adt,其余定额单位为 m^3/t。

安徽省造纸及纸制品业分纸浆制造、造纸、纸制品制造 3 个行业分类,纸浆制造、造纸分类均与河南省相同,纸制品制造分白纸板、箱纸板、瓦楞原纸 3 类,除生活用纸、白纸板产品设置了 1 个定额值,其余产品均为 2 个定额值,一个为现用企业通用定额值,一个是新建改建企业准入值,共 24 个定额值,定额单位均为 m^3/t。

江苏省造纸及纸制品业分木竹浆制造、非木浆制造、机制纸及纸板制造 3 个行业分类,木竹浆制造、非木浆制造分类与河南省纸浆制造分类相同,机制纸及纸板制造与河南省造纸、纸制品制造基本相同,缺黄纸板、包装用纸两种产品的定额值,共 12 个产品,制定 15 个定额值,定额单位均为 m^3/t。

山东省造纸及纸制品业分纸浆制造、造纸、纸制品制造 3 个行业分类,纸浆制造、造纸分类均与河南省相同,纸制品制造分白纸板、箱纸板、瓦楞原纸 3 类,除生活用纸、白纸板产品设置了 1 个定额值,其余产品均为 2 个定额值,一个为现用企业通用定额值,一个是新建改建企业准入值,共 24 个定额值,定额单位均为 m^3/t。

河北省造纸及纸制品业分纸浆制造、造纸、纸制品制造 3 个行业分类,纸浆分类与内蒙古相同共 6 类,造纸分新闻纸、生活用纸、包装用纸、印刷书写纸 4 类,纸制品制造分箱纸板、白纸板、瓦楞纸板 3 类,与内蒙古造纸定额对比无涂布纸定额,各分类均制定了考核值与准入值,共 26 个定额值,定额单位均为 m^3/t。

河南、山东两省造纸行业用水定额,严格于取水定额(新建、改建企业)国家标准及节水型企业技术考核指标。安徽、江苏省造纸行业用水定额相对河南、山东两省较为宽松,与陕西、河北两省基本一致;纸浆制造、纸制品制造行业四省用水定额基本一致。

表 4－16　纸浆行业用水定额值对比表

行业名称	产品名称	定额单位	企业类型	国家标准	节水型企业考核指标	河南省	安徽省	江苏省	山东省	陕西省	河北省
纸浆制造	漂白化学非木（麦草、芦苇、甘蔗渣）浆	m³/Adt	现有	130	≤100	80（1.0～1.3）	100～130	100	60	130	130
			新建	100			≤100		19	100	100
	脱墨废纸浆		现有	30	≤24	24（1.0～1.05）	18～30	18	—	22	30
			新建	25			18～25	13	51	18	24
	未脱墨废纸浆		现有	20	≤16	10（1.0～1.5）	13～20	10	60	18	20
			新建	20			13～20	9	14	13	16
	漂白化学木（竹）浆		现有	90	≤70	70（1.0～1.2）	70～90	45		90	90
			新建	70			≤70	35		70	70
	本色化学木（竹）浆		现有	60	≤50	50（1.0～1.2）	45～60	35		60	60
			新建	50			45～50			45	50
	机械木浆		现有	35	≤30	17（1.0～1.5）	30～35	30		35	32
			新建	30			≤30			30	24

注：纸浆取水定额以吨风干浆计，风干浆指含水率为 10％的纸浆。

表 4-17　造纸行业用水定额值对比表

行业名称	产品名称	定额单位	企业类型	国家标准	节水型企业技术考核指标	河南省	安徽省	江苏省	山东省	陕西省	河北省
造纸	新闻纸	m³/t	现有	30	≤16	11~16.5	16~20	16	11	20	20
			新建	30			≤16			16	16
	印刷书写纸		现有	20	≤30	15~22.5	30~35	30	15	35	30
			新建	16			≤30			30	24
	生活用纸		现有	35	≤30	12~24	≤30	30	12	30	25
			新建	30							20
	包装用纸		现有	25	≤20	6~9	20~25	—	—	25	35
			新建	20			≤20				28

表 4-18　纸制品行业用水定额值对比表

行业名称	产品名称	定额单位	企业类型	国家标准	节水型企业技术考核指标	河南省	安徽省	江苏省	山东省	陕西省	河北省
纸制品制造	白纸板	m³/t	现有	30	≤30	14~28	≤30	30	13	30	25
			新建	30							20
	黄纸板		现有	—	—	14~28	—	—	—	—	—
			新建	—							
	箱纸板		现有	25	≤22	10~20	22~25	22	10	22	30
			新建	22			≤22				24
	瓦楞纸板		现有	25	≤20	10~20	20~25	20	—	20	25
			新建	20			≤20				20

（3）化工行业先进性分析

化工行业主要选取国家取水定额标准、行业标准等已发布的行业进行先进性对比分析，评估中对石油炼制、合成氨两个行业进行先进性分析。

1）石油炼制

取水定额国家标准将石油冶炼，按新建企业、现有企业分为两类，共 2 个定额值；重点工业用水效率指南中，给出了石油冶炼先进值、平均值、限定值、准入值，共 4 个定额值；河南省、山东省就石油冶炼均制定了 1 个定额值；陕西省按新扩建、已建制定了 2 个定额值，河北对燃料型炼油厂、燃料-润滑油型炼油厂分别制定了 A、B 级定额，共 4 个定额值。见表 4-19 所列。

对比分析可知：河南省石油冶炼产品定额值严格于用水定额国家标准、节水型企业考核指标，处于先进水平；安徽、山东两省石油冶炼产品定额值与国家标准基本一致，处于中等偏先进水平，江苏石油冶炼产品定额值相对比较宽松。

表 4-19　石油炼制行业定额值对比表

行业名称	类别	单位	国家标准	节水型企业技术考核指标	河南省	安徽省	江苏省	山东省	陕西省	河北省
石油炼制	现有	m³/(MW·h)	0.7	≤0.7	0.5(1.0~1.4)	0.7~0.75	1	0.72	0.75	0.75
	新建	m³/(MW·h)	0.6			0.6			0.6	0.6

2）合成氨

取水定额国家标准按以煤、天然气、渣油为原料，给出了 3 个定额值；重点行业用水效率指标，按以煤、天然气为原料，分先进值、平均值、限定值 3 类，共 6 个定额值；河南省按天然气（煤层气）、煤两种原料制定共 2 个定额值；陕西分天然气、渣油、煤三种原料，均分 A、B 类定额，共 6 个值；河北对天然气、煤两种原料均分考核、准入定额共 4 个值；江苏省以天然气为原料给出了 1 个定额值；山东省按冷却形式制定 2 个值；安徽省制定了 1 个值。见表 4-20 所列。

对比分析可知：河南省合成氨行业定额均严格于取水定额国家标准，处于先进水平；安徽省定额值未按原料划分，定额值基本与取水定额国家标准相当；江苏省以天然气为原料的定额值与取水定额国家标准相当；山东省定额按冷却形式给出 2 个定额值，定额值处于先进水平。

表4-20　合成氨行业定额值对比表

行业名称	类别		单位	国家标准	河南省（系数）	安徽省	江苏省	山东省	陕西省	河北省
合成氨	天然气为原料	现有	m³/t	13	5(1.0~1.5)	13~27	13	7.0（一般循环水冷却）	9	5.26
		新建	m³/t						7	4.02
	煤为原料	现有	m³/t	27			—		10	8.53
		新建	m³/t						8	6.44
	渣油为原料	现有	m³/t	14	12(1.0~1.5)		—	0.5（蒸发式水冷却）	9.5	—
		新建	m³/t						7.5	—

（4）钢铁与冶炼行业先进性分析

钢铁与冶炼行业主要选取国家取水定额标准已发布的行业进行先进性对比分析，主要对炼钢、氧化铝、电解铝、铜电解、铜冶炼、铅冶炼进行定额对比，针对各行业分别进行对比分析。

1）炼钢行业定额分类对比

取水定额国家标准按普通钢厂、特殊钢厂2类，按新建企业、现有企业分2类定额，共4个定额值；河南省炼钢定额分为电炉炼钢、转炉炼钢、普通钢铁联合企业、特殊钢铁联合企业4类，共9个定额值，均给出了调节系数；安徽省按电炉炼钢、转炉炼钢、钢铁联合企业分为3类，其中钢铁联合企业分为节水型企业、现有普通钢厂、现有特殊钢厂、新建钢厂4类，企业共6个定额值；江苏省钢铁联合企业分现有普通钢厂、新建普通钢厂、特殊钢厂3类，共3个定额值；山东省分普通钢1类产品，共1个定额值；陕西分转炉炼钢、电炉炼钢、普通钢厂、特殊钢厂4类，每类均按A类（新扩建企业）、B类（已建企业）制定2个定额值，陕西省共制定8个定额值；河北分转炉钢、电炉钢2类产品，每种产品均按考核、准入分类制定定额值，共4个值。见表4-21所列。

对比分析可知：河南省、江苏省钢铁冶炼行业定额值严格于国家标准，处于先进水平；安徽省钢铁冶炼行业定额值与国家标准基本一致；山东省钢铁冶炼行业（普钢）定额值先进，但仅制定1个值，需要进一步细化。

2）氧化铝行业定额分类对比

取水定额国家标准按拜耳法、烧结法、联合法3种工艺各分先进企业、新扩建企业、已建企业定额，共9个定额值；河南省氧化铝产品按拜耳法、烧结法、联合法3类工艺各制定了2个定额值；江苏省、陕西省按拜耳法、烧结法、联合法3种工艺各分A类（新扩建企业）、B类（已建企业）定额，共6个定额值；河北、山东、安徽三省均未制定氧化铝定额。

表 4 - 21　炼钢行业定额值对比表

行业名称	产品名称	类别	单位	国家标准	河南省	河南省(备注)	安徽省	江苏省	山东省	陕西省	河北省	河北省(备注)
钢铁冶炼	普通钢厂(联合企业)	现有	m³/t	4.9	4.5	$<1\times10^6$ t/a	≤4.9	4.5		4.5	4.01	焦化、烧结、炼铁、炼钢、轧钢
					4.4	$1\times10^6\sim2\times10^6$ t/a						
					4.2	$2\times10^6\sim4\times10^6$ t/a					3.28	烧结、炼铁、炼钢、轧钢
					3.6	$\geq4\times10^6$ t/a						
		新建		4.5	4.5	$<1\times10^6$ t/a	≤4.5	3.6	3.3(普钢)	4	3.84	焦化、烧结、炼铁、炼钢、轧钢
					4.4	$1\times10^6\sim2\times10^6$ t/a						
					4.2	$2\times10^6\sim4\times10^6$ t/a					3.11	烧结、炼铁、炼钢、轧钢
					3.6	$\geq4\times10^6$ t/a						
	特殊钢厂(联合企业)	现有		7	4.5	$<3\times10^5$ t/a	≤7.0	7		7	4.35	烧结、炼铁、炼钢、轧钢
					4.3	$3\times10^5\sim5\times10^5$ t/a						
					4.1	$\geq5\times10^5$ t/a					2.5	电炉—轧钢
		新建		4.5	4.5	$<3\times10^5$ t/a	≤4.5			4	3.47	烧结、炼铁、炼钢、轧钢
					4.3	$3\times10^5\sim5\times10^5$ t/a						
					4.1	$\geq5\times10^5$ t/a					1.9	电炉—轧钢

河南省氧化铝行业与国家标准及周边各省的对比分析,见表4-22所列。河南省烧结法工艺下氧化铝定额值先进于取水定额国家标准现有企业定额值;烧结法工艺下氧化铝定额值与取水定额国家标准现有企业定额值相同;联合法工艺下氧化铝定额值宽松于取水定额国家标准现有企业定额值;河南省拜耳法工艺下氧化铝定额值先进于陕西省同类定额值,宽松于陕西省同工艺新建企业;烧结法工艺下氧化铝定额值与陕西省同类定额值相同,宽松于新建企业;联合法工艺下氧化铝定额值宽松于陕西省同类定额值。江苏省各定额值都先进于取水定额国家标准。

表4-22　氧化铝行业定额值对比表

产品名称	企业类型	工艺分类	国家标准	河南省	安徽省	江苏省	山东省	陕西省	河北省
氧化铝	现有企业	拜耳法	3.5	3	—	2.5	—	3.5	—
		烧结法	5	5	—	4	—	5	—
		联合法	4	5	—	3	—	4	—
	新建企业	拜耳法	2.5	—	—	1.5	—	2.5	—
		烧结法	4	—	—	3	—	4	—
		联合法	3	—	—	2	—	3	—
	先进企业	拜耳法	1.5	—	—	—	—	—	—
		烧结法	3	—	—	—	—	—	—
		联合法	2	—	—	—	—	—	—

3)电解铝定额分类对比

取水定额国家标准按先进、新建、现有企业,分电解铝原液、重熔用铝锭定额,共6个定额值;河南省对电解铝产品制定了1个定额值,安徽省就重熔用铝锭制定了1个值;江苏省未就电解铝行业制定定额;山东按新建、现有企业,分电解铝原液、重熔用铝锭定额,共4个定额值;陕西就电解铝,按A类(新扩建)、B类(已建)制定了2个值;河北就电解铝按准入、考核分类共制定了2个值。

河南省电解铝行业与国家标准及周边各省的对比分析,见表4-23所列。河南省电解铝现有企业定额值严格于取水定额国家标准现有企业定额值,处于中等偏先进水平;安徽省定额处于中等水平;山东省现有及新建企业定额值与国家标准相同,处于中等水平。

4)铜电解、铜冶炼定额分类对比

取水定额国家标准按先进、新建、现有企业,分精铜矿、含铜二次资源冶炼2类,共制定了6个定额值,未给出铜电解定额值;河南省、山东省、陕西省分别就铜电解、铜冶炼制定了1个定额值,共2个定额值,河南省给出了定额调节系数;江苏省就铜电解、铜冶炼按A类(新扩建企业)、B类(已建企业)分类制定了2个定额值;山西省对产品阴极铜(铜冶炼)、阴极铜(铜电解),按A类(新扩建企业)、B类(已建企业)分类共制定了4个值;河北省按准入、考核值定了2个值。见表4-24所列。

对比分析可知:河南、江苏、山东三省铜电解、铜冶炼定额值处于领先水平;安徽省处于落后水平。

表 4 - 23　电解铝行业定额值对比表

产品名称	企业类型	分类	国家标准	河南省	安徽省	江苏省	山东省	陕西省	河北省
电解铝	现有企业	单位电解原铝液取水量	3.5	3	—	—	3.5	5	3.63
		单位重熔用铝锭取水量	4		2.5~5.0	—	4		
	新建企业	单位电解原铝液取水量	2.5	—	—	—	2.5	4.5	2.32
		单位重熔用铝锭取水量	3	—	—	—	3		
	先进企业	单位电解原铝液取水量	1.3	—	—	—	—	—	—
		单位重熔用铝锭取水量	1.7						

表 4 - 24　电解铜、铜冶炼行业定额值对比表

行业名称	企业类型	分类	国家标准	河南省	安徽省	江苏省	山东省	陕西省	河北省
铜冶炼	现有企业	铜精矿→阴极铜	≤20	7.6(1.0~1.1)	27~35	4	9	23	20.7
		含铜二次资源→阴极铜	≤1.2	1.8(1.0~1.1)			0.8	3	2.6
	新建企业	铜精矿→阴极铜	≤18	—	—	3.5	—	20	13.3
		含铜二次资源→阴极铜	≤1	—	—			2	1.7
	先进企业	铜精矿→阴极铜	≤16	—	—				
		含铜二次资源→阴极铜	≤0.8	—	—	—	—	—	—

5)铅冶炼定额分类对比

取水定额国家标准按先进、新建、现有企业,分粗铅冶炼、电解铅 2 类,共制定了 6 个定额值,河南省、山西省仅制定了 1 个粗铅冶炼产品定额值,并给出了调节系数;安徽省就电解铅制定了 1 个定额值,没有铅冶炼定额值;陕西铅冶炼分烧结—鼓风炉熔炼及直接熔炼 2 种工艺,分别按 A 类(新扩建)、B 类(已建)制定定额,共 4 个值。见表 4-25 所列。

对比分析可知,河南省粗铅冶炼产品定额值宽松于取水定额国家标准中给出的定额值;安徽省定额值与国家标准相比偏差较大,处于落后水平;江苏省、山东省未制定铅冶炼定额。

表 4-25 铅冶炼行业定额值对比表

行业名称	企业类型	分类	国家标准	河南省	安徽省	江苏省	山东省	陕西省	河北省
铅冶炼	现有企业	铅精矿→粗铅	≤4.5	8	27~35	—	—	10	
		铅精矿→电解铅	≤6.0	4.9		—	—	—	—
	新建和改扩建企业	铅精矿→粗铅	≤4.0	—	—	—	—	8	
		铅精矿→电解铅	≤5.0	—	—	—	—	—	—
	先进企业	铅精矿→粗铅	≤3.0	—	—	—	—	—	—
		铅精矿→电解铅	≤3.6	—	—	—	—	—	—

4.3 生活和服务业用水定额评估

4.3.1 定额编制及修订情况

(1)河南省

河南省生活和服务业用水定额的修订范围主要按已有的 23 个行业共 54 项用水定额进行,主要包括:一是城镇居民生活用水,如自来水供水企业、住宅楼、宿舍区等;二是公共服务用水,如机关事业单位,学校,医院,酒店、宾馆、招待所等服务业,商场,体育场所,绿化等用水。剔除了一般旅游业的 1 个定额值。

(2)安徽省

安徽省生活和服务业用水定额根据调查资料和近年来管理实践,进行了适当调整修订。本次修订后,生活、服务业用水定额涉及 19 个行业种类,产品 21 个,定额 22 个。与原定额相比,取消淘汰产品定额 2 个,系娱乐业产品定额;采用原产品定额 4 个;调整修订已有产品定额指标 16 个。

(3)江苏省

2015 年江苏省水利厅、质量技术监督局联合发布的《江苏省工业、服务业和生活用水定额(2014年修订)》,主要涉及生活和服务业中的国家机构、土木工程建筑业、零售业、住宿业、餐饮业、居民服务业、教育业以及卫生业等行业的21个产品的37个定额值。与2005年发布实施的《江苏省工业和城市生活用水定额》相比,新发布的定额标准共保留定额27项,删除或合并17项,新增产品定额2项。同时,按照《国民经济行业分类》(GB/T 4754—2011),对部分城市生活用水分类名称进行了调整。

(4)山东省

《山东省城市生活用水量标准》由山东省住房和城乡建设厅发布于2004年,于2004年10月1日开始实施。评估时山东省尚未对生活和服务业用水定额进行修订。

4.3.2　覆盖性评估

生活和服务业用水定额的覆盖性评估主要针对以下方面:是否制定城镇居民生活用水定额和农村居民生活用水定额;服务业用水定额包含的行业和服务类别;是否针对主要高用水服务业制定用水定额;是否制定民用建筑业用水定额。

(1)居民生活用水

河南、安徽、江苏三省分别对城镇居民和农村居民生活用水定额进行了制定,山东省仅制定了城市居民生活用水量标准。

(2)居民服务业用水

将四省相应国民经济和社会发展统计公报与统计年鉴中的主要服务业行业与本省定额标准进行对比,发现四省均制定了建筑业用水定额;河南省服务业用水定额对统计年鉴中规模以上10个服务业行业全覆盖,并对主要高用水行业如餐饮、住宿、洗车、洗浴服务等分别给出了定额;安徽省现行行业用水定额中关于生活、建筑、服务等行业共有21个产品22个定额值,涵盖了房屋建筑、餐饮住宿、教育、卫生等19个行业种类,占现有行业种类比例68%,覆盖率偏低;江苏省服务业已发布的用水定额包括批发和零售业,交通运输、仓储和邮政业,住宿和餐饮业,信息传输、软件和信息技术服务业等15个服务行业门类,占全部服务行业种类的93.3%,覆盖率较高;《山东省城市生活用水量标准(试行)》共涉及9个行业门类33个具体类别,占现有行业种类比例为32%,覆盖率低。

4.3.3　合理性评估

(1)编制依据合理性

四省生活和服务业用水定额的编制均依据《国民经济行业分类与代码》(GB/T 4754)规定的行业划分,结合产业结构特点、经济发展水平制定,在修订的过程中采用调查和抽样的方式对本省生活和服务业实际用水水平进行调研。编制依据充分合理。

(2)修订周期及方法合理性

河南、安徽两省分别于2004年、2007年以地方标准的形式颁布生活和服务业用水定额,江苏省于2001年首次开展了城市生活用水定额的编制工作,山东省于2004年发布了《山东省城市生活用水量标准(试行)》。河南省于2009年、2014年进行修订,安徽省于2014年修订,江苏省于2005年、2014年进行修订,评估时山东省尚未修订。河南、安徽、江苏三省在定额修订过程中充分考虑各地市城市供水条件和节约用水的各项政策,根据用水项目的不同用水要求选用了不同的修订方法。

（3）定额值合理性

1）河南省

① 办公楼

河南省用水定额评估共收集到办公楼用水数据 8 个。两家单位所在城市属中小城市，定额值为 40 升/（人·天），两家单位办公楼用水平均值为 41.5 升/（人·天），偏离度为 3.75％。另外六家单位所在城市属较大城市，定额值为 60 升/（人·天），六家单位办公楼用水平均值为 54.13 升/（人·天），偏离程度为 9.8％。基本合理。

② 生活

河南省用水定额评估共收集到生活用水数据 5 个。两家单位所在城市属中小城市，定额值为 105 升/（人·天），两家单位生活用水平均值为 92.1 升/（人·天），偏离度为 12.3％。另外三家单位所在城市属较大城市，定额值为 120 升/（人·天），三家单位生活用水平均值为 106.2 升/（人·天），偏离程度为 11.5％。基本合理。

③ 餐厅

河南省用水定额评估共收集到非营业性餐厅用水数据 6 个，用水平均值为 13.06 升/（人·餐），河南省非营业性餐厅定额值为 15 升/（人·餐），偏离程度为 12.9％。基本合理。

（2）安徽省

安徽省用水定额评估共收集到生活和服务业有效样本 13 个，用水情况符合定额标准的共 10 个，占比为 77％，其余 3 个用水定额高于标准定额，占比 23％。基本合理。

（3）江苏省

根据 2015 年江苏省水资源公报中生活用水指标数据，可知全省城镇人均生活用水量为 139.7 升/（人·天），农村居民人均生活用水量为 97.8 升/（人·天），均在江苏省生活用水定额标准的范围内，由此可见，江苏省生活用水定额与现状用水水平是一致的。将江苏省高用水服务业用水定额与现状用水水平进行对比，经分析，江苏省学校、医院、洗浴以及洗车行业用水定额与现状用水水平基本一致。

（4）山东省

山东省用水定额评估共收集到生活和服务业有效样本 27 个，用水情况符合定额标准的共 13 个，占比为 48％，其余 14 个用水定额高于标准定额，占比 52％。说明现行生活和服务业用水定额标准制定较为严格，严于多数服务业单位的用水水平要求。

4.3.4　实用性评估

用水定额为四省取水许可审批、用水总量控制提供了比较准确、可靠的依据。对新建、改建、扩建的建设项目，严格按照用水定额标准核定许可水量，提高了水的利用效率，可有效避免水的浪费，从源头上把好节水关。

4.3.5　先进性评估

（1）服务业

1）住宿和餐饮业

一星级酒店标准要求 16 小时供应热水，至少有 15 间（套）可供出租的客房；二星级酒店要求 18 小时供应热水，至少有 20 间（套）可供出租的客房；三星级以上酒店要求 24

小时提供热水、饮用水,服务人员有专门的公共卫生间、浴室、餐厅、宿舍等设施;四星级酒店需要至少有 40 间(套)可供出租的客房,70%客房的面积(不含卫生间)不小于20m²;五星级酒店要求 70%客房面积(不含卫生间和走廊)不小于20m²,至少有 40 间(套)可供出租的客房。不同星级的酒店面积、设施和用水条件均不一样,差别较大,一般酒店规模越大、等级越高,其用水设施越完善,定额越大。

　　将河南、安徽、江苏、山东四省与陕西、河北两省及清洁标准进行分类对比,如表 4-26 所示。经对比发现:河南省住宿和餐饮业定额分类详细,且定额值较为先进;安徽省定额值略宽松于河南省,且细化程度不够,总体处于中等偏先进水平;江苏省定额值宽松于周边各省,定额值处于中等偏下水平;山东省定额值严格于周边各省,定额值先进。

　　2)办公楼

　　将河南、安徽、江苏、山东四省与陕西、河北两省及建筑给排水规范中办公楼用水定额进行分类对比,如表 4-27 所示。经对比发现:河南省办公楼用水定额按城市规模分为两类,定额值处于中等水平;安徽省定额值处于中等水平;江苏省定额值宽松于周边省份,定额值处于中等偏下水平;山东省定额值严格于周边省份,定额值先进。

　　3)教育事业

　　将河南、安徽、江苏、山东四省与陕西、河北两省建筑给排水规范中学校用水定额进行分类对比,如表 4-28 所示。经对比发现四省学校定额基本均按学前教育、初等教育、中等教育、高等教育来分类,在有无住宿划分及是否按分区划分方面有所不同。总体来讲,河南省学校用水定额较先进,安徽省处于中等水平,江苏省处于中等偏下水平,山东省定额值严格于周边省份,定额值先进。

　　4)居民服务业

　　在我国,居民服务业主要是指信息服务、金融保险、旅游、会展、房地产、咨询、广告、中介服务、文化、休闲、体育、卫生保健、社区服务、研发服务、计算机网络服务、法律服务等改革开放后才发育发展起来的服务业。其中,金融保险、旅游、文化、体育等国际上的传统服务业,在我国之所以"新兴",主要是由于认识和体制原因,导致其发育较晚。而真正意义上的现代服务业,是指与现代技术变革、产业分工深化和经济社会发展相伴随的信息服务、研发服务、人力资源服务、现代物流、市场营销服务等等,虽然也有网络游戏等现代生活服务业,但主要方面是所谓为生产者服务的商务服务业。

　　本次对四省洗染服务、理发及美容保健服务、洗浴服务三个服务行业用水定额的先进性进行评估。将河南、安徽、江苏、山东四省与陕西、河北两省及给排水规范中三个服务业用水定额分类对比,如表 4-29 所示。经对比发现:江苏、河南两省三个服务行业定额分类详细且定额值较先进;安徽省仅制定了洗浴服务一个定额值,相对落后;山东省定额值严格于周边省份,定额值先进。

　　(2)居民生活

　　将河南、安徽、江苏、山东四省与陕西、河北两省及室外给水设计规范中居民生活用水定额分类对比,如表 4-30 所示。发现河南省对居民生活用水定额分类详细且定额值较为先进;安徽省、江苏省制定了城镇及农村居民生活用水定额,定额值相对先进,但未根据是否具备给水、排水条件细化;山东省制定了城市居民生活用水标准,定额值相对先进,但未根据是否具备给水、排水条件细化且未制定农村居民生活用水定额。

表 4-26　住宿和餐饮业定额值对比表

行业名称	类别名称		单位	河南（调节系数）	安徽	江苏	山东	陕西省			河北省	清洁标准（一级）
								关中	陕南	陕北		
住宿	宾馆	快捷酒店	升/(床·天)	230(0.7~1.2)	150~260	240	120~160	280	300	250	250	280
		三星	升/(床·天)	290(0.7~1.2)	300~450	600		420	450	400	400	420
		四星	升/(床·天)	360(0.9~1.2)	500~700	800	200~260	450	500	400	500	510
		五星	升/(床·天)	460(1.0~1.2)		1000						510
	一般旅馆	设公共水房、卫生间	升/(床·间)	80(0.9~1.3)	150~260	240	70~120	90	100	80	150	—
		设公共水房、卫生间、公共浴室	升/(床·间)	115(0.9~1.3)			120~160					—
餐饮业		非经营性食堂	升/(次·人)	13(1.0~1.2)	25~45(升/米²·天)	15(升/米²·天)	20~25	18	20	18	10	—
		一般经营性饭店	升/(次·人)	15(1.0~1.35)	30(升/米²·天)	30(升/米²·天)	—	23	25	20	19	—
		中档经营性饭店	升/(次·人)	25(1.0~1.4)			60~80	35	40	30	25	—
		高档经营性饭店	升/(次·人)	30(1.0~1.5)			75~95	45	45	40	35	—
		冷饮店	升/(米²·天)	7(1.0~1.3)		10(升/米²·天)		8	10	5		—

表 4-27　办公楼用水定额值对比表

行业名称	产品名称	定额单位	河南（调节系数）	安徽	江苏	陕西	山东	给排水规范
公共管理和社会组织机构	中小城市	升/(人·天)	40(0.8~1.4)	50~70	180	35	30~50	30~50
	较大城市	升/(人·天)	60(0.8~1.4)					40

表 4 - 28　教育事业用水定额值对比表

行业名称	类别名称		单位	河南（调节系数）	安徽	江苏	山东	陕西省			河北省	给排水规范
								关中	陕南	陕北		
学前教育	住宿生		升/（人·天）	60（0.8～1.3）	40～70	100	50～80	60	65	55	—	50～100
	非住宿生		升/（人·天）	33（0.8～1.3）		40	40～70	30	35	25	30	30～50
初等教育	小学	住宿生	升/（人·天）	70（1.0～1.4）	35～45	100	40～70	65	70	60	70	20～40
		非住宿生	升/（人·天）	10（0.8～2.0）		40	25～35	40	40	35	30	
中等教育	初、高中学	住宿生	升/（人·天）	90（0.7～1.2）	50～90	120	40～70	75	80	70	70	20～40
		非住宿生	升/（人·天）	15（0.8～1.5）		50	25～35	40	50	40	30	
高等教育	大专院校	住宿生	升/（人·天）	115（0.9～1.6）	90～140	140～200	60～100	90	100	85	100	40～50
		非住宿生	升/（人·天）	45（0.8～1.5）							40	

表 4 - 29　洗染、理发及美容保健用水定额值对比表

行业名称	类别名称	单位	河南（调节系数）	安徽	江苏	山东	陕西	河北	给排水规范
洗染服务	洗衣	升/千克（干）	60（0.9～1.35）	—	16（升/米²·天）	50	50	40	40～80
理发及美容服务	理发美容	升/（人·次）	25（0.8～1.55）	—	15（升/米²·天）	20	30	15	40～100
洗浴服务	淋浴桑拿	升/（人·次）	100（1.0～1.3）	130～180		80～120	120	110	150～200
	盆浴	升/（人·次）	150（0.8～1.4）		50（升/米²·天）	—	—	—	120～150

表4-30 居民生活用水定额值对比表

行业名称	类别名称	单位	河南 定额值(系数)	河南 备注	安徽	江苏	山东	关中	陕南	陕北	陕西 备注	河北	室外给水规范
城镇居民	无给排水	升/(人·天)	60(0.9~1.1)	集中供水龙头				140			特大城市	50	根据城市规模 70~210
	有给水	升/(人·天)	80(0.9~1.1)	无排水及卫生设备				120	130	110	大城市	—	
		升/(人·天)	93(0.9~1.1)	无卫生设备	120~180	120~150	85~120	110	120	100	中等城市	80	
	有给排水	升/(人·天)	105(0.9~1.1)	具备洗浴条件				100	110	95	小城市	110	
		升/(人·天)	120(0.9~1.1)	热水直供								140	
农村居民生活	无给排水	升/(人·天)	55(0.9~1.1)	集中供水	70~120			70	80	65	含乡镇	40~60	
	有给水	升/(人·天)	46(0.9~1.1)	分散供水		80~100							

4.4　评估结果分析

4.4.1　定额编制及修订情况

河南、安徽、江苏、山东四省分别于 2004 年、2007 年、2001 年和 2010 年以地方标准的形式颁布用水定额。河南省分别于 2009 年和 2014 年对用水定额进行修订,安徽、山东两省分别于 2014 年和 2015 年完成用水定额修订,江苏省分别于 2005 年、2010 年、2014 年完成用水定额修订。河南省、江苏省用水定额修订周期符合要求;安徽省用水定额自 2007 年颁布后一直到 2014 年才完成修订发布,修订周期不符合要求;山东省住建委于 2004 年 10 月发布的《山东省城市生活用水量标准(试行)》,已试行 12 年,评估时尚未修订,不符合要求。

4.4.2　覆盖性

(1)农业用水定额覆盖性

四省主要农林牧渔业行业(产品)定额值标准中均已列出,农业用水定额覆盖性总体较好。河南省已制定定额作物用水量约占农业总用水量 96.4%,现有作物种类中芝麻、红薯、中药材三种农作物的定额值未制定;安徽省已制定定额作物种植面积占全省作物总种植面积 94.7%,已制定定额作物用水量占农业总用水量 94% 以上,现有作物种类中,薯类、中草药材、芝麻等农作物以及茶叶等经济作物未制定相应定额,部分定额仍需补充、细化;江苏省灌溉用水定额确定的全省主要农作物,即水稻、玉米、小麦、棉花、蔬菜类、瓜果类和油料等七个种类作物,基本涵盖了江苏省各地区主要灌溉作物,已制定定额作物(行业)占实际作物种类 45.8%,定额涉及的作物种植面积占到全省作物播种面积的93.32%,三大类农作物的播种面积所占比例都已经在 92% 以上;山东省现有农业行业五大类,现行用水定额标准共制定了三个行业大类的用水定额标准,包含小麦、玉米、水稻、棉花、葡萄、苹果、梨七种农作物,行业类别覆盖率为 33.3%,全省农作物播种总面积11026572 公顷,其中定额作物种植面积 7605410 公顷,占全省作物总种植面积 68.79%。各省可进一步完善和细化作物种类制定用水定额。

(2)工业用水定额覆盖性

将四省相应年份国民经济和社会发展统计公报和统计年鉴中的主要工业产品与本省定额标准进行对比。发现四省制定用水定额的工业行业占该省规模以上工业行业的比例分别为:河南省 87.5%,安徽省 87%,江苏省 84.2%,山东省 51.22%。河南、安徽、江苏三省工业用水定额覆盖性较好,山东省工业用水定额覆盖性一般。

(3)生活和服务业用水定额覆盖性

河南、安徽、江苏三省分别对城镇居民和农村居民生活用水定额进行了制定,山东省仅制定了城市居民生活用水量标准。

将四省相应年份国民经济和社会发展统计公报和统计年鉴中的主要服务业行业与

本省定额标准进行对比发现：四省均制定了建筑业用水定额；河南省服务业用水定额对统计年鉴中 10 个规模以上服务业行业全覆盖，并对主要高用水行业如餐饮、住宿、洗车、洗浴服务等分别给出了定额；安徽省现行行业用水定额中关于生活、建筑、服务等行业共有 21 个产品 22 个定额值，涵盖了房屋建筑、餐饮住宿、教育、卫生等 19 个行业种类，占现有行业种类比例 68%，覆盖性一般，美容、理发、保健、洗衣高用水服务业未纳入；江苏省服务业已发布的用水定额包括批发和零售业，交通运输、仓储和邮政业，住宿和餐饮业，信息传输、软件和信息技术服务业等 15 个服务行业门类，占全部服务行业种类的 93.3%，覆盖率较高；山东省城市生活用水量标准（试行）共涉及 11 个行业门类 34 个具体类别，占现有行业种类比例为 39%，覆盖性较差。

4.4.3　合理性

（1）农业用水定额合理性

通过与四省实际用水情况对比分析，四省主要作物灌溉定额标准基本符合本省主要用水作物实际灌溉需水情况，定额值制定合理。江苏省可进一步补充不同灌溉保证率条件下的灌溉用水定额标准。

（2）工业用水定额合理性

通过与四省实际用水情况对比分析，四省主要工业行业基本符合本省实际情况，定额值制定合理。

（3）生活和服务业用水定额合理性

通过与四省实际用水情况对比分析发现：河南、安徽、江苏三省主要生活和服务业行业基本符合实际情况，定额值制定合理；山东省用水定额标准制定较为严格，严于多数服务业单位的用水水平。

4.4.4　实用性

（1）农业用水定额实用性

四省农业用水定额自颁布以来在区域水资源综合规划、灌区用水分配以及相关建设项目水资源论证等工作中均得到了广泛的应用，实用性较强。

（2）工业用水定额实用性

四省行业用水定额自颁布实施以来，工业用水定额标准均被广泛运用到建设项目水资源论证、取水许可审批、用水计划管理、用水节水评价等水资源管理工作中，对各自省份规范工业用水、制定工业用水计划、合理利用水资源起到了积极的作用，实用性较强。

（3）生活和服务业用水定额实用性

四省生活和服务业用水定额自制定以来，生活用水定额主要用于城镇生活用水管理、区域生活用水预测、水资源配置等；服务业用水定额主要用于服务业用水管理，如按照用水定额开展阶梯式水价工作、下达高耗水服务业年度用水计划等。在四省开展的节水型单位创建工作中，将用水定额作为节水水平的主要衡量依据。四省生活和服务业用水定额实用性较强。

4.4.5　先进性

（1）农业用水定额先进性

在保证率、水文气象等条件基本相似的前提下，经与周边省份相邻地区对比，安徽省、江苏省主要农作物灌溉用水定额相对先进，河南省水稻、大豆、花生的定额值相对落后，其他主要农作物用水定额相对先进，山东省主要农作物灌溉用水定额相对落后。

（2）工业用水定额先进性

将四省主要工业行业用水定额值与相邻省份及国家标准对比分析，经对比发现河南省主要工业行业用水定额标准严格于周边省份和用水定额国家标准，处于先进水平，安徽、江苏、山东三省处于中等偏先进水平。

从工业用水定额先进性来看，山东省仍需在火力发电类别下对于现有单机容量300MW级循环冷却定额值 2.8m³/(MW·h)建议进行调整，建议参照国家标准《取水定额　第1部分：火力发电》(GB/T 18916.1—2012)规定的 2.75m³/(MW·h)进行调整。

（3）生活和服务业用水定额先进性

将四省生活和服务业用水定额与周边各省及国家标准对比，发现河南省生活和服务业用水定额分类详细，总体处于先进水平，安徽省处于中等偏先进水平，江苏省现行服务业用水定额标准较为先进，山东省定额值处于先进水平。

第五章　淮河流域节水型社会建设实践

　　淮河流域先后有四批共七个市县被水利部确定为国家级节水型社会建设试点,第一批试点郑州市、徐州市、淄博市于 2010 年完成验收,第二批试点淮北市于 2012 年完成验收,第三批试点泰州市于 2013 年完成验收,第四批试点平顶山市、东营市广饶县于 2014 年完成验收。

　　这七个试点市县在水资源特点、开发利用现状、面临的问题和形势、节约用水水平、节水型社会建设工作重点等很多方面都存在差异。节水型社会建设过程中,七个市县结合本地实际,经过努力和探索,试点建设取得显著成绩,同时也取得了很多成功的经验,为今后在全流域推广节水型社会建设工作,提供了很好的示范和借鉴。

5.1　淮河流域国家级节水型社会建设试点情况

5.1.1　徐州市

5.1.1.1　基本情况

　　徐州市位于江苏省西北部,地处苏、鲁、豫、皖四省交界,是江苏省三大都市圈核心城市和四个特大城市之一,是苏北振兴和沿东陇海线产业带的重要组成部分。徐州市机械、矿业较为发达,是江苏省煤炭工业基地。2004 年,全市户籍人口 916.6 万,城镇化率 33.0%,地区生产总值 1095.8 亿元,人均 GDP1.2 万元。多年平均降水量 825.5mm,水资源总量 40.0 亿 m³,人均水资源量 436m³,农业用水和工业用水分别占总用水量的 78.6%、8.7%。徐州市作为南水北调东线工程的省际源头,一方面水资源短缺,用水浪费较为严重,用水效益低下,另一方面水环境污染加剧,保障南水北调东线工程水量和水质安全的任务艰巨。

　　2004 年,水利部确定徐州市为第一批全国节水型社会建设试点,试点建设期为 2005—2008 年。

5.1.1.2　做法和经验

　　徐州市坚持“开源节流并举,节水优先”原则,以提高水利用效率为核心,以节水工程和加强水污染治理工程建设为重点,统筹协调生活、生产、生态用水,通过“政府带动、区县推动、部门联动”,突出政府宏观调控管理,完善水资源管理体制机制,广泛引导社会公众参与,稳步推进节水型社会建设。试点期间,徐州市强化水资源开发利用全过程管理,全面改善水生态环境,保障南水北调东线工程水质安全。

一是优化调整产业结构,发展清洁生产,推进节水减排,从源头减少污染负荷。积极推进重型工业结构的战略性调整,限制高耗能、高耗水、高污染产业的发展,强制淘汰规模小、资源消耗大、环境污染重的产业,构建经济效益高、水资源利用效率高、污染低的产业结构体系。建立水资源保护区管理制度,督促重点水污染企业实施污染治理再提高工程,开展"八大行业节水行动"带动行业节水,推进有机肥和生物农药,减少农业面源污染。二是完善节水制度,强化过程节水,建立激励机制,促进水循环利用,提供水资源利用效率。颁布实施《徐州市节约用水条例》《徐州市地下水资源管理条例》《徐州市城市污水处理费征收管理办法》等多项水资源管理地方性法规、规章,规范并严格执行总量控制、定额管理、计划用水等节水管理制度,构建较为完善的节水制度体系。建立节水减排激励机制,对节水减排项目建设,财政给予扶持、金融给予倾斜,企业节水技改项目按有关规定,抵减当年新增所得税。三是强化末端污水处理,加大再生水回用,充分利用非常规水源。加强污水的集中处理与处置,按照"管道专送、集中处理"原则,市区河道全部实现截污,建立完善的污水处理系统,削减污染物入河量。将废污水集中处理后用于热电厂等企业,以及城市绿化景观。结合煤矿开采点多、矿坑排水量大的实际,实施矿坑排水利用工程,把原来直接排放的矿坑排水用于防尘、洗选、洗浴、绿化和河湖补水等,实现矿坑排水多渠道开发利用。四是强化水源地治理,推进水体的环境整治与生态修复。调整水源地保护区周边水工程体系,实现清污分流,对全市河道和重点水功能区定期检测,严格控制饮用水源地保护区内的污染源。开展以"清洁田园、清洁水源、清洁家园"工程为主要内容的农村环境综合整治,改善农村水环境,确保饮水安全。

5.1.1.3 成效与示范性

通过试点建设,徐州市水资源利用效率显著提高,水源地得到有效保护,人居环境得到很大改善,公众节水意识显著提高,取得了良好的经济、环境和社会效益。2008 年,全市用水总量 36.4 亿 m³,较试点初期减少 12.5%;万元 GDP 用水量为 181.2m³,较试点初期下降 50%;万元工业增加值用水量 33.9m³,较试点初期下降 73%;农田灌溉水利用系数由 0.459 提高到 0.53;城镇供水管网漏损率由 19.9% 下降到 14.2%;市区污水处理率由 68% 提高到 88%;重要水功能区达标率由 66% 提高到 77%。

徐州市强化水资源开发利用全过程管理、全面改善水生态环境的做法和经验,可供转型升级中的资源型城市和重工业城市借鉴和参考。

5.1.2 郑州市

5.1.2.1 基本情况

郑州市是国家中部崛起战略核心城市,2005 年全市人口 716 万人,城镇化率为 59.2%,地区生产总值 1660.6 亿元,三次产业结构为 4.4:52.9:42.7,人均 GDP 为 2.3 万元。郑州市地跨黄、淮两大流域,全市年均降水量 633.3mm,水资源量为 13.2 亿 m³,人均水资源量 184m³;地下水供水比例占 69%,引黄水指标为 4.2 亿 m³,工业用水占 30.4%,农业用水占 32.2%,城镇生活用水占 24.4%,生态用水占 13%。郑州市面临用水总量控制指标与引黄指标的双重约束,地下水超采严重,水资源利用效率整体还处于较低的水平。

2005 年,水利部确定郑州市为第一批全国节水型社会建设试点,试点建设期为 2005—2008 年。

5.1.2.2　做法和经验

郑州市基于现代农业示范区、能源原材料基地、现代装备制造业和高技术产业基地等定位,探索形成了与区域发展定位相适应的城乡综合节水范式。

一是建设与新型工业化相适应的工业节水减排体系。2007 年 1 月,市政府印发《关于加快发展循环经济工作的实施意见》,大力推进产业结构调整;严格建设项目水资源论证制度,凡有条件的企业强制利用再生水;对日用水量超过 10000m³ 的企业,要求每三年必须开展一次水平衡测试;将城市自取水用户、地下水用户全面纳入计划用水管理;严格执行超计划累进加价制度,实施"以奖代补"等激励措施。二是开展与新农村建设和现代农业战略相适应的农业综合节水。在山区规模化推进集雨节灌工程,创新建立了"集雨节灌工程＋种植结构调整＋协会自主管理"的山丘区雨水节灌综合模式;在平原区结合现代化农业示范区建设,推行计量到部门,在井灌区建立电费或水量的计量模式。三是建立与能源原材料基地相适应的矿井疏干水综合利用方案。探索建立了"保水减排、深度自用、区域配置"的矿井水综合利用模式,严格征收水资源费减少矿坑疏干水外排量,科学调节供水水价促进矿坑排水深度处理利用,完善配套工程将自身不能消化的矿坑排水在区域层面配置。四是开展与区域中心城市相适应的城乡循环型生态水系建设。以循环理念为指导,制定了生态水系规划,以河渠、水库、湖泊、湿地为基本构架,以再生水和雨洪水为基础,以引黄水为补充,在强化污水和雨水收集与处理回用的基础上,沟通规划区内河湖水系,打造融城市水系、绿化建设、灌区灌溉为一体的城乡循环型生态水系统。五是开展与多水源统一配置相适应的水资源综合管理体系建设。试点期间成立了市水务局,强化水资源统一配置与综合管理,以地下水压采、引黄水合理取用和非常规水源的充分利用为工作重点。开展了城市地下水功能区划;加强自备水源取用水管理,在 75％ 管理井安装 394 套实时监控系统;发布了《关于调整郑州市地下水资源费征收标准的通知》,利用经济手段进一步促进地下水资源的保护。

5.1.2.3　成效与示范性

通过试点建设,郑州市达到了试点建设目标。2008 年,全市总用水量较试点初期只增长 2.49％;万元 GDP 用水量较试点初期下降了 43.36％;万元工业增加值用水量 32.0m³,较试点初期下降 48.88％;农田灌溉水利用系数由 0.56 提高到 0.58。节水灌溉面积达到 162 万亩,占有效灌溉面积的 60％,亩均灌溉用水定额由试点初期的 260m³,降至 153m³;一般工业用水重复利用率达到 80％;污水处理回用率达到了 75％,开始开展水功能区水质监测工作,2010 年水功能区水质达标率达到 90％;城区地下水位有明显回升,生态水系建设提升了城市品位。

郑州市加强城市综合节水、提升用水效率的做法和经验可供水资源面临耗用双重紧约束、经济发展势头强劲的城市借鉴和参考。

5.1.3　淄博市

5.1.3.1　基本情况

淄博市位于山东省中部,是一个城乡相间、工农交错的组群式城市,是山东省乃至国内重要的工业城市。2004年,全市总人口415.0万人,地区生产总值1231.0亿元,三次产业比重为4.4∶64.7∶30.9。全市年均降水量654.3mm,当地水资源量14.1亿 m³,人均水资源可利用量295m³,农业和工业用水分别占总用水量的66.7%、22.6%。地下水是主要供水水源,占80%左右。局部地区地下水超采严重,污染性工业临近地表河流和地下水水源地,水资源保护任务非常艰巨。

2004年,水利部确定淄博市为第一批全国节水型社会建设试点,试点建设期为2005—2008年。

5.1.3.2　做法和经验

淄博市坚持"开源节流并举,节水优先"原则,实施"优先利用地表水,合理开采地下水,积极引用客水,推广使用再生水,大力开展节约用水"的用水方略,夯实节水管理基础,建立起政府调控、市场调节、科技支撑、"开节涵"三位一体节水型社会运行机制。试点期间,淄博市以计划用水管理为突破口,完善制度、规范程序、严格管理,形成了精细化的计划用水管理模式。

一是建立健全计划用水管理制度。在《淄博市计划供水节约用水管理办法(试行)》基础上,出台《淄博市超计划用水累进加价水资源费征收管理办法》,并在《淄博市节约用水办法》中对计划用水管理加以明确和强化。出台规范性文件,对用水计划申报、调整、核查等计划用水管理工作环节进行细化。二是合理编制并及时下达用水计划。根据丰枯年变化预测、用水总量指标,按行业和水源类型编制用水计划。严格审核用水户基础信息,以计划用水户近三年的实际用水量为基础数据,采用水量加权法(各年份水量权重为5%、10%、85%),确定用水计划的基数,修正调整后作为计划用水户的年度用水计划指标。征求区县水资办和部分用水大户意见后,进一步修订用水计划,最终确定用水计划指标。年度用水计划编制完成以后,以正式文件于每年12月31日前下发至各区县以及各用水户终端。三是严格考核,实行超计划加价收费。在每季度第一个月的15日前,统一组织实施对各计划用水户的考核。对超计划用水的部分收取加价水资源费,超过用水计划指标10%以下(含10%)的部分按照水资源费的一倍加收;超过用水计划指标10%以上30%以下(含30%)的部分按照水资源费的二倍加收;超过用水计划指标30%以上的部分,按照水资源费的三倍加收。四是强化用水计量统计,建立信息化平台。计划用水户一级表装表率达到100%,并将用水数据及时纳入计划用水管理信息系统,利用计划用水管理信息系统实现用水计划测算、超计划报警等,确保用水计划公平公正,提高工作效率。

5.1.3.3　成效与示范性

通过试点建设,淄博市用水总量得到有效控制,水资源利用效率和效益显著提高,地下水超采得到遏制,水生态环境质量明显改善。2008年,全市总用水量11.5亿 m³,与试点初期基本持平;万元GDP用水量43.8m³,较试点初期下降18.0%;万元工业增加值用水量 24.5m³,较试点初期下降 8.7%;农田灌溉水有效利用系数由 0.50 提高到 0.65;计划用水实施率由 90% 提高到 95%,工业用水重复利用率由 90% 提高到 94%,城市供水管网漏损率由 16% 降低到 11.8%,污水处理回用率由 13.7% 提高到 47%,水功能区达标率由 39% 提高到 65%。

淄博市强化计划用水管理、实现用水精细化管理的做法和经验,可供水资源短缺、工业化程度较高的城市借鉴和参考。

5.1.4 淮北市

5.1.4.1 基本情况

淮北市位于安徽省北部,地处淮海经济区腹地,苏、鲁、豫、皖四省之交,煤炭资源丰富,是我国重要的能源和工业城市也是重要粮食产区。2006 年,全市常住人口 204 万人,城镇化率 52.0%,地区生产总值 224.7 亿元,三次产业结构 11.4∶53.5∶35.1。淮北市年均降水量 844.3mm,年均水资源总量 8.3 亿 m³,人均水资源量仅 398m³,农业用水和工业用水分别占总用水量的 54.0% 和 25.9%。淮北市是淮河流域资源型缺水、工程型缺水、水质型缺水并存地区,工业和城市生活用水主要依赖开采北部中、深层地下水,致使岩溶水严重超采,形成大面积地下水超采漏斗,地下水硬度和矿化度逐年上升,地下水资源保护压力巨大。

2006 年,水利部确定淮北市为第二批全国节水型社会建设试点,试点建设期为 2007—2009 年。

5.1.4.2 做法和经验

淮北市坚持全面规划、统筹兼顾、兴利除害结合、开源与节流并重的原则,以提高水资源利用效率和效益为核心,以节水减排机制建设为根本,以煤炭、电力等工业节约用水为突破口,大力推进农业节水和城镇生活节水,加强水生态环境保护,全面推进节水型社会建设。试点期间,淮北市依托矿业行业节水、矿坑水和雨洪水利用以及生态环境修复,实现资源循环式利用、产业循环式组合、企业循环式生产、矿区循环式发展。

一是大力推进煤矿企业综合节水。在供水环节,推广应用无塔供水系统,安装远程常压变频调速供水系统;在输水环节,将地下埋管改为地面架空,实现输水漏损可视化;在用水环节,重点推进循环用水系统建设。二是充分利用井下疏干排水。对于井下水质基本符合饮用标准的,将抽出的矿井水经净化处理后用于生产和职工家属生活。推进矿井水井下利用,在开采区建造井下蓄水池,把井下废水蓄积过滤后,直接用于井下生产。建设污水处理设施,把污水处理站处理的水全部用于洗煤生产,实现生活污水再利用。三是加大雨洪资源利用。建设完成"引闸(河)入华(家湖)"工程,增大水库蓄水功能,建设包浍河与采煤沉陷区雨洪资源综合利用工程,在确保防洪安全前提下,拦蓄雨洪资源,为临涣工业园区提供生产用水。四是因地制宜推进采煤沉陷区生态环境建设。在不改变原有河道地形和功能前提下,通过生态修复、水源保护、综合治理等多项措施建设湿地,实现采煤沉陷区周边河湖连通,有效利用矿井疏干排水,并适时引用外河的雨洪资源,实现采煤沉陷区的生态修复。

5.1.4.3 成效与示范性

通过试点建设,淮北市水资源利用效率显著提高,地下水超采得到遏制,采煤沉陷区得到综合治理,人居环境明显改善。2009 年,淮北市用水总量控制在 4.8 亿 m³,较试点初期增长 23%;万元 GDP 用水量 128m³,较试点初期下降 26%;万元工业增加值用水量 61.8m³,较试点初期下降 34%;农田灌溉水利用系数由 0.50 提高到 0.68;一般工业用水重复利用率达 75.3%,火电工业用水重复利用率达 97.2%;城市公共供水管网漏损率由 18% 下降至 14.8%;地表水功能区水质达标率由 69.8% 提高到 83.3%;城市生活污水集中处理率提高到 91.2%。

淮北市对煤矿企业采取综合节水措施、利用矿井疏干排水、开发利用雨洪资源、实施生态环境修复的做法和经验,可供其他煤炭工业城市借鉴和参考。

5.1.5 泰州市

5.1.5.1 基本情况

泰州市位于江苏省中部,南临长江,是长江三角洲中心城市之一,也是南水北调东线水源地和输水干道所在地。2008 年,全市常住人口 463.6 万,城镇化率 49.1%,地区生产总值 1394.4 亿元,人均 GDP3.0 万元。全市年均降水量 1027.0mm,本地水资源量 17.4 亿 m³,人均水资源量 343m³,多年平均从长江引水和淮河流域来水 45 亿 m³,农业用水所占比例较大。泰州市地处平原水网区,本地降水难以控制利用,水功能区水质达标率不高,水环境承载能力和水资源利用效率总体偏低。

2008 年,水利部确定泰州市为第三批全国节水型社会建设试点,试点建设期为 2009—2011 年。

5.1.5.2 做法和经验

泰州市按照科学发展观和建设资源节约型、环境友好型社会的要求,以建立健全节水型社会管理制度为核心,以加大水资源保护和节水工程建设为重点,努力提高水资源利用效率和水环境承载能力,坚持"统筹兼顾、优化配置、节流优先、治污为本、突出重点、分步实施"的工作方法,大力推进节水社会创建工作。试点期间,泰州市以严格的水管理法规、高效的管理体制机制和科学的管理制度规范水资源开发、利用、保护和节约等各项行为,有效地保障了节水型社会建设有序开展。

一是加强地方配套法规和技术标准建设。先后出台《泰州市水资源管理办法》《泰州市节约用水管理办法》《泰州市水资源费征收使用管理实施细则》《泰州市水利工程管理办法》等地方规范性文件,修订《泰州市用水定额》。市水利局会同市发展改革委员会等其他部门联合印发建设项目节水设施"三同时"制度、取水许可管理、水功能区管理、水资源费征收与使用管理、计划用水管理等一系列规范性文件。二是建立健全水资源管理工作机制。①建立节水减排长效管理工作机制。适时制定促进节水减排的各项宏观调控政策;扶持污水处理产业,降低污水处理成本;完善水价调节机制,生产淘汰类产品的企业用水在现行价格基础上加价 30%,生产限制类产品的企业用水在现行价格基础上加价 15%。②严格水行政执法监管机制。充分履行水政监察职能,以加强队伍建设为抓手,以服务推动执法为核心,探求执法新思路,树立水利执法新形象。③建立水环境专项整治机制。实施"党委领导、政府实施、纪检监察牵头督查、相关部门各负其责"的领导机制。④建立社会监督机制。对浪费水、破坏节水设施、污染水环境的不良行为进行公开曝光;对文明用水、节约用水的单位和个人及时表彰。三是实施最严格水资源管理制度。①围绕水资源开发、利用、配置、节约、保护等各项水资源管理工作,严格实行用水总量、地下水开采总量、取水单位取水总量和水功能区纳污总量等"四个总量"控制管理。②严格取水许可和水资源论证制度,规范取水许可申请、审批和发证程序。③严格水功能区管理,实行水量水质联合调度,增加水体自净能力和水环境容量;严格入河排污口设置论证和申请、审批程序,编制入河排污口整治方案,强化入河排污口管理。④建立节水设施"三同时""四到位"管理制度,对新建、改建、扩建项目制定节水方案,对取水量较大的用水户开展节水评估。

5.1.5.3　成效与示范性

通过试点建设,泰州市水资源管理能力明显增强,用水效率显著提高,水生态环境质量明显改善,水资源供给能力与用水安全保障能力显著增强。2011 年,全市总用水量 27.93 亿 m³,较试点初期减少 0.6%;万元 GDP 用水量 115m³,较试点初期下降 50%;万元工业增加值用水量 21.4m³,较试点初期下降 43%;节水灌溉工程控制面积由 28.3%提高到 40.3%;重要水功能区水质达标率由 57.2%提高到 75.3%;城镇供水管网漏损率由 15.2%下降到 13.4%,城市生活污水集中处理率由 22.8%提高到 78.6%。

泰州市健全法制、创新机制为节水型社会建设提供制度保障的经验和做法,可供各地区借鉴和参考。

5.1.6　平顶山市

5.1.6.1　基本情况

平顶山市位于河南省中部,是以能源、化工等六大支柱产业为主体的新兴工业城市。2009 年总人口 503.7 万,城镇化率为 41.8%,地区生产总值 1127.8 亿元,人均 GDP 为 2.24 万元。平顶山市多年平均年降水量 817.6mm,水资源总量 18.3 亿 m³,人均水资源量为 321.98m³,农田灌溉用水占 38.92%,工业用水占 40.85%。水资源短缺,水污染等问题阻碍了经济社会的可持续发展。

2010 年 7 月,水利部确定平顶山市为第四批全国节水型社会建设试点,试点建设期为 2011—2013 年。

5.1.6.2　做法和经验

平顶山市因水制宜,充分利用矿井疏干排水、中水等非常规水源优势,把非常规水源纳入水资源统一配置,提高水资源综合利用水平,提升区域水资源承载能力。

一是市节水办开展煤矿矿井疏干排水普查工作,进一步摸清全市煤矿矿井疏干排水利用现状及存在的问题,为全面加强矿井疏干排水利用和管理提供技术支撑。二是把矿井水资源综合利用纳入矿区发展总体规划,以提高矿井水的综合利用率作为解决矿区水资源短缺问题的重要措施。如中国平煤神马集团自建矿以来先后投资建设矿井水净化厂(站)14 座,累计投资 1.19 亿元,设计总净化能力 16.4 万 m³/天,每年使 3800 多万 m³矿井水经处理后达到生活饮用水水质标准,再次用于工业生产和职工生活,有效缓解了采煤、选煤、发电等工业用水紧张局势。平煤股份十二矿建设了矿井水处理系统和生活污水处理系统,目前每天处理井下矿井水 1200m³,处理生活污水 450m³,将处理后的矿井水直接用于办公楼冲厕、工业广场绿化、井下降尘及电厂冷却等环节,年节约水资源 60余万 m³。三是平顶山市积极开发利用中水和雨水资源,减少常规水资源利用量。建成了平顶山市卫生学校生活污水回用示范项目,日处理生活污水 200m³,全部回用于校园,经节水器具改造后的学生宿舍楼节水 150m³,以上两项每天可节水 350m³,年节约水费、污水处理费 24.10 万元。建成了河南城建学院非传统水源综合利用示范项目,项目主要由人工湿地系统、景观湖以及中水管网系统三部分构成,充分利用了学校集蓄的雨水和污水处理后的再生水,年节约水量 9.45 万 m³。

5.1.6.3　成效与示范性

通过试点建设,平顶山市在节水型社会建设制度建设、节水与水环境保护工程建设、节水型社会行为规范等方面取得了长足的发展。用水总量由 2009 年的 10.0079 亿 m³ 下降为 2013 年的 9.4898 亿 m³,下降 5.2%;万元 GDP 用水量由 2009 年的 88m³ 下降为 2013 年的 60.95m³,下降 30.7%;万元工业增加值用水量由 2009 年的 58m³,下降为 2013 年的 49m³,下降 15.5%;农田灌溉水利用系数由 2009 年的 0.44 提高为 2013 年的 0.58;城镇污水处理回用率由 2009 年的 14% 提高为 2013 年的 21.42%。

平顶山市加强矿井疏干排水综合利用、加大非常规水源利用、促进节约用水的做法和经验,可供各地矿区借鉴和参考。

5.1.7　东营市广饶县

5.1.7.1　基本情况

广饶县濒临渤海莱州湾,地处山东半岛城市群经济带和环渤海经济圈,行政隶属山东省东营市,是全国重要的橡胶轮胎生产基地、国家盐化工特色产业基地和中国棉纺织基地。2010 年,全县总人口 50 万人,地区生产总值 456 亿元。广饶县年均降水量563.7mm,年均水资源总量 1.57 亿 m³,人均水资源量 318m³,属于资源型严重缺水地区,农业用水所占比重较大。水资源短缺已成为制约全县经济社会可持续发展的"瓶颈"。

2010 年 7 月,水利部确定广饶县为第四批全国节水型社会建设试点,试点建设期为2010—2013 年。

5.1.7.2　做法和经验

试点建设期间,广饶县调整优化经济产业结构,完善节水管理体制,全面加强节水管理体系建设,扎实推进节水工程技术体系建设,加快构建节水行为规范体系。广饶县构建水资源优化配置和高效利用工程技术体系,控制用水总量,加快推进节水工程技术体系建设,优化水资源配置,为节水型社会建设奠定了坚实基础。

一是优化水资源配置。统筹规划各类可供水源,包括地表水、地下水、再生水、雨洪水、外调水等,加快"引黄引河"工程续建配套、污水处理回用工程、雨水集蓄利用工程、微咸水开发项目建设,实现多种水源的统一配置和调度。二是全面加强农业节水工程建设,大力推广节水灌溉技术。北部引黄灌区重点抓好灌区续建配套和干渠衬砌改造,大幅降低输水损失,提高灌溉效率。南部井灌区建设田间高效节水工程,大幅增加节水灌溉面积,完善农业节水工程体系。三是实施工业节水技术改造,开展水平衡测试,建设节水型企业。重点推进华泰集团、华星集团、正和集团等重点用水大户节水技术改造和污水处理提标改建,增加污水处理回用量,提高工业用水效率。四是改造城乡供水管网,开展生活节水示范创建。加快城乡供水管网改造、计量水表改造安装和节水器具推广应用,尤其是全县农村生活用水全部实现计量收费,节水效果十分明显。五是推进非常规水源利用工程建设。高度重视非常规水开发利用工作,积极发展污水处理回用、雨水和咸水、微咸水利用,替代常规水源,减少地下优质淡水开采。六是进一步完善供水工程体系。建设淄河水库一期、二期工程,为南部工业区发展提供水源保障,推进南部工业水源转换工作。华泰集团自筹资金建设淄河水库引水泵站和裙带河水库蓄水工程,为工业生产供用地表水,每年减少地下水开采 800 多万 m³。齐润化工有限公司自建 30 万 m³ 地表水库工程,工业用水全部改为地表水,每年减少地下水开采 50 万 m³。

5.1.7.3 成效与示范性

通过试点建设,广饶县水资源合理开发、科学配置、综合利用、节约保护等管理能力和运行水平不断提升,水资源综合利用效率和效益得到很大提高。2013 年,用水总量为 25126 万 m³,较试点建设初期降低 23.0%;万元 GDP 取水量 36.6m³,较试点建设初期降低 48.9%;万元工业增加值用水量 10.45m³,较试点建设初期降低 44.4%;农田灌溉水有效利用系数 0.694,较 2010 年提高 0.054;地表水水功能区达标率由 2010 年的 16.7% 提高到 2013 年的 33.3%;城镇供水管网漏损率 2013 年控制在 13%;城镇生活污水处理率由 75% 提高到 86.2%。

广饶县构建水资源优化配置和高效利用的工程技术体系、控制用水总量的做法和经验,可供北方水资源短缺、地下水超采严重、具备多水源开发利用潜力的地区借鉴和参考。

5.2 淮河流域国家级节水型社会建设试点经验分析

5.2.1 管理体制与机制建设方面

一个健全、合理的水资源体制,是合理开发利用和有效保护水资源以及防治水害的重要保证。各试点城市均根据自身特点,注重水资源管理体制的改革和建设,大致有以下经验:一是成立由市政府牵头的领导机构和工作班子,充分发挥政府主导作用;二是狠抓法规和制度建设,完善社会管理体系;三是充分发挥市场的调节作用,完善节水型社会建设的投融资体系;四是严格执行取水许可和水资源费征收等相关管理制度。

(1)充分发挥政府主导作用,确保试点工作顺利进行

党委、政府对节水型社会建设高度重视,按照科学发展观的要求,把节水型社会建设纳入政府的重要议事日程,建立起政府宏观调控、市场引导、公众参与的水管理体制和协调激励机制,明确相关部门的责任和分工,充分发挥政府的主导作用,确保了责任到位、

措施到位、投入到位。由政府主要领导担任组长的"节水型社会建设工作领导小组",注重加强组织协调和政策、资金支持,积极配合,密切协作,全面加强节水型社会建设的组织协调和实施工作,为节水型社会建设提供了强有力的组织保障。

在日常管理中引入"政府带动、县区推动、部门联动"的管理手段,促使政府各层面、各部门相互配合,各尽其力的长效管理机制的形成。首先,政府总领节水型社会建设的各项工作,通过建立节水型社会建设领导小组,每年定期召开节水型社会建设工作会议,对节水型社会建设进行总结部署,将一些关系到人民群众切身利益及节水型社会建设成败与否的重要指标列入政府考核内容,作为政府公共服务、社会管理、保障民生的重要内容之一。为了凸显推动作用,还把节水型社会建设纳入全市(县)目标责任考评体系,实行年度考核和一票否决制度。其次,为确保各项节水政策、制度的落实到位,在各县(市)、区设立节水型社会领导小组,及时发现具体工作中的问题,向节水型社会建设领导小组反映,以便不断调整工作重心与方法,以良好的反馈机制提高工作效率。再次,明确各相关部门的责任和分工,政府主要领导挂帅,分管领导负责具体工作,将水利局、经贸委、公共事业局、环保局、建设局等部门纳为成员,明确各部门职责,强调部门间的协调合作,改变以往水利部门孤身作战,势单力薄的局面,形成政府各部门、各层面横、纵双向协作,举全市之力做好节水型社会建设工作的局面,不断扩大节水成效。

此外政府积极推进体制改革和机制创新,逐步推进涉水事务的统一管理。鼓励公众参与,为用水户提供了解内情、参与决策、表达意见的民主平台,发挥社会各层面和广大人民群众参与节水型社会建设的积极性。适时地引入市场机制,积极培育水市场、促进水价到位,使水资源的商品价值得以体现,从而激励节约用水,提高水资源的利用率和效益。

(2)加强法规和制度建设,完善节水型社会管理体系

节水型社会作为一个复杂的大系统,需要建设一系列的法律、法规、标准和政策体系促进用水效率的提高和效益的改善。建立配套的节水法规制度,促使节水工作迈入法制化轨道,是节水型社会建设顺利开展的有力保障。

根据国家实行最严格的水资源管理制度要求,认真贯彻三部委《水资源费征收使用管理办法》,全面落实《取水许可和水资源费征收管理条例》,努力提升水资源管理水平。不折不扣地落实各项水资源管理制度,科学划定水资源管理"三条红线",严格执法监督,即围绕水资源的配置、节约和保护,明确水资源开发利用"红线",严格实行用水总量控制;明确水功能区限制纳污"红线",严格控制入河排污总量;明确用水效率控制"红线",坚决遏制用水浪费。

以徐州市为例,在配套法规建设方面,徐州市以《徐州市节约用水条例》(2007年12月)、《徐州市地下水资源管理条例》(2004年)、《徐州市城市污水处理费征收管理办法》(2005年)为主干,通过一系列相关文件、办法的颁布实施,不断充实完善节水型社会建设法规规章。其中《徐州市节约用水条例》的颁布标志着徐州市节水管理在江苏省率先迈入法制化轨道,水利法制建设实现了新跨越。《徐州市节约用水条例》在节水制度设计方面进行了创新:一是确立了计划用水和定额用水相结合的制度,对超计划用水征收加价水费;二是确立了核定管理和备案管理相结合的制度,对重点用水户、一般用水户采取不

同管理;三是确立了开源和节流相结合的制度,鼓励使用再生水和雨水;四是确立了义务规范和强制规范相结合的制度,对不同用水户采取不同节水措施。《徐州市节约用水条例》的全面贯彻实施,对缓解徐州市缺水压力,强化群众节水意识,提高水资源利用效率发挥了重要作用。此外把水资源的开发、利用、管理、配置、节约、保护及回用纳入法制化管理的轨道,着力开展了《徐州市中水利用管理实施办法》《徐州市水权转让管理办法》等的前期立法调研工作。法规体系的健全完善,全面提高了徐州市水资源管理、节约用水管理的法制化水平,为节水型社会建设的全面推进提供了法律制度保障。

(3)充分发挥市场的调节作用,完善节水型社会建设的投融资体系

以淮北市为例,淮北市采用针对不同项目适当改进投资渠道的方式,政府资金引导,发挥市场调节作用,走出了一条经济实力相对较弱地区搞好节水型社会建设投融资体系的新路子。

一是注重节水示范工程投入。农业节水示范工程由省级政府适当给予补助和奖励,切实将节水与农民的增产增收有机结合起来,积极探索解决农业节水驱动力问题。生活服务业节水示范工程由地方政府给予适当补贴,对于国家级节水示范项目,中央给予适当补贴。二是拓宽资金来源渠道。农业节水项目资金来源包括中央财政农发资金、地方财政资金、地方水利部门(含灌区管理单位)资金等。鼓励引导受益乡镇、农村集体和农民以筹资、投劳的方式参与项目建设;工业节水工程投资一般以企业为主体,地方政府给予适当补贴;城镇生活节水工程中,管网改造工程投资原则上以地方政府投资为主;节水器具投资中公共用水器具投资由地方政府投资为主,居民用水器具以居民自购为主,学校、生活小区投资亦以自筹为主,地方政府可进行必要的补贴。三是公益性项目发挥政府主渠道作用。如非常规水源利用工程投资由各级政府设立非常规水源利用专项资金,并制定投融资激励政策,吸引外资,鼓励企业投资;能力建设工程投资以地方政府投资为主,中央给予适当补贴。

(4)严格执行取水许可和水资源费征收管理制度

以淮北市和徐州市为例,淮北市对取水单位或个人的取水许可申请、审批、验收、发证都做到严格把关,特别是对年取水量 10 万 m^3 以上的新建、改建、扩建项目。对水资源费的征收管理严格执行省物价局、财政厅、水利厅《关于调整水资源费征收标准的通知》的规定。征收的水资源费全部纳入财政专户,实行收支两条线管理。2008 年 9 月 1 日出台实施的《淮北市水价管理暂行办法》明确了水价构成、水价审核和管理、权利义务及法律责任等,其中对超计划超定额用水累进加价和城市居民生活用水阶梯式计量水价做出了明确规定。合理确定中水(回用水)价格与自来水价格的比价关系,建立鼓励使用中水(回用水)替代自然水和自来水的价格机制。为加强计划用水、节约用水工作,实现水资源的合理开发利用,淮北市水务局、发展改革委每年年初依据《水法》、各用水单位三年来实际取用水情况,合理制定下达年度取水计划,按照计划用水和用水总量控制制度,定期考核强化管理。对超计划取水部分征收超计划累进加价水资源费,2008 年超计划用水单位 6 家,处罚了 4 家,征收超计划加价水资源费 6 万元,实现了零的突破。同时,建立健全取水、节水统计制度,要求取水单位和个人按月报送用水统计报表,进行各行业用水量、用水效率的统计,及时掌握全市用水节水现状。每年开展一次全市用水节水检查、评比,

建立节奖超罚制度,对非居民重点用水户超计划用水实行阶梯水价。

徐州市实施并落实水资源费调价政策,颁布了《徐州市城市污水处理费征收管理办法》,建立超计划用水累进加价征收水资源费、惩罚性水价制度、责任奖惩制度及节水减排激励和补偿机制等制度,初步形成了科学的水价制度体系,在用水权交易市场探索中取得初步经验,在城乡水价形成机制和水费体制改革方面发挥了示范和带动作用。

5.2.2　经济结构体系建设方面

建立与水资源承载能力相适应的经济结构体系是节水型社会建设的关键。对于淮河流域,工业基础薄弱,要实现经济社会的长期、稳定和快速发展,必须立足于区域的潜在资源优势和产业比较优势,大力培育和加快发展具有较大市场需求和显著竞争优势的特色产业,通过经济结构调整,发展节水高效产业,引导水资源向高效益行业流转,提高水资源的利用效益。主要经验是:一是根据区域水资源承载能力和河流水系水功能目标以及水环境容量的约束,合理确定城镇规模和产业结构;二是调整三次产业结构比例,加大工业结构调整,进一步优化农业结构,提高第三产业比重;三是优化经济发展模式,大力推行清洁生产,推广应用企业内部、产业园区和社会的串联用水、循环用水和废水回用及"零排放"技术,减少污染排放,构建循环经济结构。

以泰州市和徐州市为例,泰州市位于长江、淮河的下游,水源条件较好,目前形成了以造船、医药、化工为龙头的产业结构模式,经济规模和地区生产总值逐年增加较快。要实行最严格的水资源管理制度,必须"三条红线"同时约束,长江与淮河将不再是自家门前的免费水资源。要实现经济社会的长期、稳定和快速发展,必须立足于本地水资源承载能力,推动农业工业化、工业低耗低污染、服务业向生产型的转变。目前,火力发电、化工等高用水行业过度集中在长江水域,使该地区水体自净能力日趋下降,水环境状况恶化明显,由此带来的突发性水污染事件时有发生。因此,在制定区域社会经济发展规划时要充分考虑水资源条件,加强建设项目评估,严格控制不符合本地区水资源承载能力的项目上马,充分考虑建设项目对水资源的消耗和对生态与环境的影响。

徐州市加快经济结构调整的步伐,积极构建与水资源承载能力相适应的产业结构,通过提高第一产业效益,加快第二、第三产业发展,努力减轻农业和土地对有限水资源的压力,积极构建经济效益高、水资源利用效率高、污染低的产业结构。同时延长产业链,将资源优势和比较优势转化为经济优势,调整优化三次产业布局,实现传统农业经济向现代工业经济的转型。通过经济结构调整带动用水结构的调整,第一产业耗水结构大幅度减少,第二产业的耗水比重得到有效提高,支持水资源向高效益行业流转,提高水资源的利用效益。

5.2.3　节水工程与技术体系建设方面

在节水型社会建设中,节水工程及节水技术体系建设具有基础性支撑作用。各市都十分注重基础设施建设,构筑与水资源优化配置相适应的水工程和节水技术体系。主要做法是:一是发展水资源高效利用工程体系,大力发展雨洪资源利用工程、矿坑水中水回用技术和高效输水管渠,从源头上节水增效;二是大力推行先进节水技术、节水器具,提高用水效率;三是以"四大载体"为抓手,搞好示范工程,带动节水型社会建设。

(1)建设水资源高效利用工程体系,从源头上节水增效

以淮北市和徐州市为例。淮北市近年来相继建成并投入使用污水处理厂二期工程、濉溪县城污水处理厂一期工程、刘桥镇污水处理厂和临涣选煤厂、界沟煤矿、五沟煤矿等企业污水处理工程,污水处理能力明显加大,全市污水日处理能力由 2007 年的 8 万吨提高到 16 万吨。污水处理后的中水主要回用于城市绿化、环境和工业生产,年回用量达 900 万 m³,污水处理回用率为 28%。市区内配套污水收集管网 81km,服务面积 38km²,服务人口 36 万人,主城区基本实现雨污分流。鼓励取用城市中水,近期建设的大唐虎山发电厂 2×600MW 发电机组生产用水将主要取用市污水处理厂中水(日产中水 9 万 m³);临涣工业园 7630 万 m³ 的设计年用水规模主要来源于由采煤沉陷区调蓄的浍河雨洪资源和煤矿疏干排水。严格禁止新建、改建、扩建一般工业项目取用中深层岩溶地下水,从而保证了城市居民生活和食品工业对中深层岩溶地下水的用水需求。

徐州市根据自身特色,也积极发展非常规水源的利用,包括雨洪资源利用、污水再生利用和煤矿矿坑排水利用等。具体为:在雨洪资源利用方面,采取"截、蓄、调"等技术措施,对雨水进行收集、存贮、控制并高效利用,综合实践了三种模式。一是在平原区以市、县骨干河道为纽带,采取疏浚河道、深沟密网、梯级控制,井河结合等工程技术措施来有效利用雨洪资源;二是在山区修建雨水窖和小型水库、塘坝,开挖环山截水沟等措施拦蓄径流降水;三是在城市生活小区、运动场及风景名胜旅游区,因地制宜实施雨水收集、储存工程,用于绿地浇灌,办公场所卫生冲刷、日常洗车和园林景观用水等方面,在农村修建雨水窖、中小型水库、闸坝等增加蓄水能力。据统计,徐州市年平均拦蓄雨洪水资源约 3 亿 m³。在污废水再生利用方面,试点期间,徐州市城市处理后污水中有 21% 得到了回用,主要用于徐州坝山热电厂、贾汪建平热电厂中水回用工程等方面。在矿坑疏干排水利用方面,徐州市针对煤矿开采点多、矿坑排水量大的特点,坚持多渠道开发利用矿坑排水,组织实施了大屯煤电公司和徐矿集团新河煤矿、庞庄煤矿、夹河煤矿等 10 多家矿坑疏干排水利用工程,把原来直接排放的矿坑排水用于防尘、洗选、洗浴、绿化和河湖补水等,矿坑排水年利用量达 1450 万 m³。

(2)大力推行先进节水技术、节水器具,提高用水效率

以徐州市为例,徐州市积极发展水资源高效利用工程技术体系,大力推进节水型社会载体建设,在农业、工业、生活各个方面建立了一批理念先进、技术领先、效果显著的节水载体,节水型灌区、节水型企业、节水型社区、节水型高校成为实现节水型社会的落脚点。具体为,一是在农业节水工程建设方面,积极改革灌区管理体制,调整种植业结构,发展生态农业,推行浅湿灌、喷灌、滴灌、微灌等先进节水灌溉技术,推广节水灌溉机械化技术和装备。在山区和高原地区推广应用水稻旱作新技术,研究具有节水、耐旱、高产、保肥、抗病等综合功能的水稻旱作栽培新技术。二是在工业节水方面,开展"八大行业节水行动"(火电、化工、纺织、冶金、建材、食品、造纸、机械)带动行业节水;全面开展企业水平衡测试,帮助企业提高用水效率;加大节水技改力度,积极推广应用节水新技术;同时积极开展清洁生产和"零排放"示范项目。三是在生活节水方面,大力推广智能水表和节水器具,大力开展城市供水管网改造,建立节水型社区示范项目,改善城市供水条件,推

动全社会节水工作的有序开展。

（3）以"四大载体"为抓手，搞好示范工程，带动节水型社会建设

以淮北市为例，淮北市为确保实现规划节水目标，按照突出重点、政策引导的原则，在工业、农业、城市生活及非常规水源利用、能力建设等方面，根据节水型社会建设要求，实施了一批重点节水工程项目。主要有：一是农业节水重点工程。根据淮北市农业节水实际情况，农业节水重点工程包括井灌区节水改造、农业高效节水、旱作物节水等。井灌区的节水改造重点是加大灌区的田间管理，对灌区落后灌溉工艺进行技术改造，提高灌溉水综合利用系数。农业节水示范项目重点从节水减排、节水防污的角度，通过高效节水工程建设，带动高效农业节水技术的推广应用。先后安排节水示范项目2项，井灌区节水改造项目4项，年节水量2040万 m^3。二是工业节水重点工程。结合淮北市工业节水实际情况，在火力发电、采掘业中安排一批节水工艺改造工程。火力发电方面主要是进行循环水系统改造、除灰系统改造、废污水回收再生利用等；采掘业重点推广煤炭采掘过程的有效保水措施，开发和应用干法选煤工艺和设备。研究开发大型先进的脱水和煤泥水处理设备；炼焦业重点推广炼焦生产中的干熄焦或低水分熄焦工艺。规划安排火力发电节水改造项目1项，采掘业节水改造项目2项，炼焦业节水改造项目1项，年节水量414万 m^3。三是城镇生活节水重点工程。结合淮北市城镇生活节水实际情况，规划安排一批城镇供水管网改造和节水器具标准化与应用示范项目。供水管网改造重点对濉溪县城及重点乡镇运行时间较长、漏损严重的供水管网进行改造，以降低漏损和能耗，减少二次污染。进一步加强与政府有关部门、供水部门的沟通协调，在当地供水管网改造的基础上实地调查、统筹规划，逐步实行区域供水。先后安排城市供水管网改造和节水器具标准化及应用示范项目4项，学校节水管理项目3项，年节水量499.7万 m^3。四是抓好节水示范工程。综合考虑淮北市地域性（经济发展水平、水资源条件）、典型性（用水量、用水水平与效率）和代表性（不同行业、不同用水类型），在节水型社会建设重点工程中选择一批节水示范项目，树立典型，示范推广。组织部署一批井灌区节水改造工程和非常规水源利用工程等示范项目。对于入选节水示范工程的用水单位，认真做好节水相关信息数据的采集与上报工作，逐步建立节水示范区相关信息统计及上报制度，并对示范区的节水工作实行有效的监控和绩效考核。节水示范工程年节水量可达5552万 m^3。

5.2.4　节水文化体系建设方面

节水文化是伴随着文化的产生而产生的，在人类的发展史上扮演着不可替代的角色。广义的节水文化是指人类在社会历史实践过程中创造的有关节约用水的物质财富和精神财富的总和。狭义的节水文化则专指思想、意识、精神领域的成果总和，即指有关节约用水的社会意识形态以及与之相适应的政治、社会组织、社会制度、风俗习惯、道德、法律政策、学术思想、宗教信仰、文学艺术等。节水文化从空间和时间两个维度表现了先进文化的包容性、时代性和前瞻性，也将不断反映人类新的文明成果。节水文化体现了现代文明的伦理基础和道德操守、经济取向和法治精神、行为规范和创新追求。公众参与和节水宣传是节水文化体系建设的两大主题。

以徐州市为例，徐州通过系统性普及教育与阶段性重点教育，不断提高公众自觉节

水意识、监督意识和参与意识,取得全社会的理解和支持,把节水型社会建设试点工作变成广大干部群众共同参与的自觉行动。一是系统开展节水宣传基础教育。坚持节水教育与基础教育相结合,将节水纳入基础教育,尤其强调节水宣传教育工作从儿童、青少年抓起,在小学成立节水少先中队,创新宣传方式,广泛开展节水小宣传、节水小发明、节水小创造、节水小竞赛等活动,并通过他们影响其周围的人群。逐步使全体公民树立科学的水观念,将节约用水变成全体公民的自觉行动。二是树立节水的社会风尚。利用各种媒体和各种手段,多形式、多层次鼓励、组织社会公众参与节水工作,组织节水志愿者队伍。与此同时,充分发挥新闻媒体的舆论监督作用,在教育思想和教育实践两方面反映并体现可持续发展的要求,对浪费水资源、破坏水环境的行为公开曝光,努力营造节水有益的舆论氛围和节水光荣的社会风尚。三是提倡文明的节水生活方式。坚持依法管水与以德节水相结合,建设具有中国特色的节水文化,形成"浪费水可耻,节约水光荣"的社会舆论氛围,树立自觉节水的社会风气,提倡节约用水的文明消费方式,在全社会逐步形成节约用水的社会行为规范。

第六章　淮河流域节水型社会
建设试点后评估

　　开展节水型社会建设试点后评估,是对已告一段落节水型社会建设试点工作的进一步深化和发展。通过节水型社会建设试点后评估,回顾节水型社会试点的建设过程、建设内容、建设效果,总结建设经验,研究如何进一步深入落实中央"节水优先、空间均衡、系统治理、两手发力"的新时期治水方针,贯彻《关于实行最严格水资源管理制度的意见》《中华人民共和国国民经济和社会发展第十三个五年规划纲要》《节水型社会建设"十三五"规划》《"十三五"水资源消耗总量和强度双控行动方案》《全民节水行动计划》等文件精神和要求,系统评估评价节水型社会建设试点工作成果的延续、保持和拓展情况,巩固节水型社会建设试点成果,剖析节水型社会建设与发展中存在的问题与薄弱环节。通过节水型社会建设试点后评估,探索节水型社会建设与管理可借鉴、可复制、可推广的经验模式,可明确下一阶段节水型社会建设的工作方向、工作任务与工作重点。

　　目前,国内对于节水型社会的内涵、建设内容和评价的研究较多,但系统组织开展节水型社会建设后评估工作相对较少,开展此项工作具有创新性、探索性。依据国家节水型社会建设管理及相关技术标准要求,水利部淮河水利委员会分别于 2015 年对江苏省徐州市、2017 年对河南省郑州市开展了节水型社会建设试点后评估工作,结合两市节水型社会建设实际情况,从体制与机制、制度实施、节水示范工程延续、最严格水资源管理制度落实情况、建设管理、建设成效等方面全面分析徐州、郑州两市节水型社会建设效果,对进一步推进两市节水型社会建设成效的深化及延续、全面推进流域节水型社会建设等具有重要的意义。

6.1　徐州市节水型社会建设试点后评估

　　2005 年 10 月,水利部水资源司会同江苏省水利厅在徐州市主持召开专家审查会,对徐州市人民政府编制完成的《徐州市节水型社会建设规划》进行了审查。2006 年 2 月,水利部印发《关于同意徐州市节水型社会建设规划的函》(办资源函〔2006〕89 号),同年 8月,江苏省人民政府办公厅印发《关于徐州市节水型社会建设规划的函》(苏政办函〔2006〕65 号),批复同意徐州市节水型社会建设规划。经过试点建设,徐州市节水型社会建设取得了显著成效,2010 年水利部水资源司和全国节约用水办公室组织节水型社会建设试点技术评估专家组,依照《关于做好全国节水型社会建设试点验收准备工作的通知》(水资源函〔2009〕1033号)以及《全国节水型社会建设试点评估验收工作方案》要求,对徐州节水型社会建设试点进行了评估验收;同年10月,徐州市被水利部授予"全国节水型社会建设示范市"。

从整体上看,试点期徐州市节水型社会建设规划目标全面达到了预期效果,全市水资源利用效率和效益显著提高,用水总量实现微增长甚至负增长,水生态环境状况有不同程度的改善,水资源管理能力和水平有效提升,水安全保障程度明显增强,较为圆满地完成试点建设任务,达到试点规划目标。特别是地下水超采率、万元GDP取水量递减率、工业万元增加值取水量、工业万元增加值取水量(m³/万元,不含火电)、县城区污水处理率等指标的实际完成值超过计划目标的30%。对于灌溉水利用系数、计划用水实施率基本完成既定的目标。综合分析,徐州节水型社会建设全面实现了规划预期的目标。

2015年,水利部淮河水利委员会组织对徐州市开展了实地调研,对照徐州市节水型社会建设规划目标任务,以及新时期水资源管理、节水型社会建设的要求,对徐州市节水型社会建设试点开展了后评估。

6.1.1 法规体系建设与制度建设

法规体系建设与制度建设是节水型社会建设的核心任务,也是节水型社会持续性建设的有力保障。徐州市坚持把制度建设作为首要任务,坚持长期的法制法规建设,以制度体系改革作为节水型社会建设的关键,基于自身的市情、水情,积极探索节水型社会制度建设,加快建立与节水型社会相协调的法规与规章体系,为其他地方建立和完善新型节水管理制度体系提供了丰富的经验。

(1)依法治水管水,完善法规体系建设,是节水型社会持续建设的核心任务。

把法制建设与制度建设作为节水型社会建设的首要任务,以节水法规建设为重点,着力构建制度保障体系。坚持以法节水、政策引导、立法约束,建立完整的节水法规体系框架。建立系统的节水法规体系是节水型社会制度建设的重点,也是难点。

徐州市水利局与法制办等相关部门密切配合,着眼全局、持续建设、把握时机、推进立法。针对徐州市在涉水事务中的立法薄弱环节和形势发展需求,通过专题调研,对事关全局的涉水问题先以提案的形式提交市人大、市政协,为立法做好前期工作。紧紧依托市法制办的支持,纳入立法程序,使涉水立法工作得以持续有效的推进。自2009年开始,在有效贯彻执行《徐州市地下水资源管理条例》《徐州市城市污水处理费征收管理办法》《徐州市河道采砂管理条例》和《徐州市节约用水条例》等法规条例的基础上,积极开展《徐州市中水利用管理实施办法》《徐州市水权转让管理办法》《徐州市再生水管理条例》《关于加强小沿河饮用水源地保护的决定(草案)》和《徐州市城乡供水条例》等法规规章的立法调研和法规研制出台工作。徐州市建立了一系列具有针对性的法规规章,其中《徐州市中水利用管理实施办法》和《徐州市再生水管理条例》等对城市公共供水、用水、排水及再生水利用进行了规范,将再生水纳入水资源统一管理范畴,为发展循环水务提供了制度保障。经过多年立法建设,徐州市形成了由多部地方性法规规章组成的地方水利法规体系,提高了水资源管理的法制化程度,为徐州市节水型社会建设提供了法律保障。

(2)规范管理,完善管理制度建设,是依法治水的有效制度保障。

在建立法律法规体系的基础上,为增强可操作性,完善了一系列配套规章制度,以政府规章、部门规范性文件和地方技术标准等多种形式,制定相关水资源管理规章制度,初步形成了以"水法实施办法"和"节水条例"为核心,相关规章规范性文件配套的水资源管理制度体系。

徐州市加强与水法规相配套的各项水资源管理制度的制定与实施,先后制定了"取水许可与水资源论证制度",全面实施"三同时、四到位"制度,印发《关于加快建立完善城镇居民用水阶梯价格制度的指导意见》,实现居民阶梯水价制度,全面实施"水资源和水环境有偿使用制度",出台《实行最严格水资源管理制度的实施意见》,建立健全舆论监督等制度。形成了一套节水型社会水资源管理制度体系,确保了责任到位、措施到位、投入到位,保障了徐州相关的水资源管理制度工作的顺利建设和完善,促进依法治水、管水,为节水型社会建设试点工作的顺利实施提供了长效的制度保障。

(3)着力健全最严格水资源管理制度考核体系,落实责任目标,是推动节水型社会建设全面深入开展的重要法宝。

徐州市以最严格水资源管理制度作为节水型社会建设的核心内容,全面完成最严格水管理制度的"三条红线"目标任务。2014 年全市用水总量 41.36 亿立方米、单位地区工业增加值用水量比 2013 年下降 6.4%,比 2010 年下降 43%,工业用水重复利用率 86%,农田灌溉水利用系数 0.585,2014 年全市水功能区水质达标率 76%,均超额完成省水利厅规定的 2014 年目标任务。徐州市坚持以健全考核体系、落实责任目标为着力点,严格按照省委省政府关于实行最严格水资源管理制度相关工作要求,完善管理制度,2013 年出台了《实行最严格水资源管理制度的实施意见》,并于年初分解下达了各县(市)、区的三条红线指标。徐州市从实际出发,向实处考虑,强化目标责任考评,2014 年市政府相继出台了《徐州市实行最严格水资源管理制度考核办法》《徐州市实行最严格水资源管理制度考核工作实施方案》,对各县(市)、区进行了最严格水资源管理制度的考核。考核办法明确各部门责任,签订节水型社会建设目标责任书,定期召开联席会议,检查和监督目标任务完成情况,并将目标任务完成情况作为主要评分指标,纳入干部业绩考评体系,极大地调动了各级政府、各相关部门深化节水型社会建设的积极性和主动性,激发了相关部门的工作创造性,形成了务实、高效的节水建设管理运行机制,有力推进了节水工作的全面深入开展。

6.1.2　体制建设与机制建设

(1)积极开展水资源管理体制建设、体制创新,建立完备的水资源管理体制,是节水型社会持久性建设的动力源泉。

分级分部门"多龙"管理水资源的旧有体制,造成了取水、供水、用水、管水的混乱无序,也直接影响了节水工作的整体推进,使用水总量控制和用水定额管理等节水制度无法真正落实到位。开展节水型社会建设,必须在体制上寻求突破,要打破取水、供水、用水、水污染治理职能分割的管理体制和格局,赋予水行政主管部门对涉水事务统一管理的职能和权力,建立职责明确、分级负责、运转协调、行为规范的水管理机制,实现"一龙管水、多龙治水",强化对水资源的有效调控和优化配置,保证水权明晰、总量控制、定额管理、用水结构调整等各项制度和措施的有效贯彻和落实,把节水型社会建设稳定、有序地向前推进。

作为一个严重缺水城市,徐州市进行节水型社会建设时积极推动水资源统一管理进程,首先进行了水务一体化改革,成立徐州市及各县(市)、区水务局(水务处),统一管理城乡防洪、除涝、蓄水、供水、节水、排水、水资源保护、污水处理及回用、地下水回灌等城乡涉水事务,树立涉水事务统筹管理的理念,落实职能,加强规划。徐州市积极开展灌区管理体制改革,明确灌区管理范围,成立基层管理组织机构,完善管理体制。积极推行水资源管理体制改革的举措,为徐州市节水型社会持续长效建设奠定了体制基础,实现了统一管水、规范取用水的目标。

(2)领导高度重视,深入推进"干部河长制";部门联动,有效调动地方政府监管能力,为节水型社会建设提供有力的组织保障。

节水型社会建设工作任务重、持续时间长,涉及行政区域广、行业领域多,各级党政领导的高度重视和坚强领导是成功推进的关键,部门协调联动、全力推进是全面见效的有效保证。"干部河长制",是从"河流水质改善领导督办制""环保问责制"所衍生出来的水污染治理制度,即由各级党政主要负责人担任"河长",负责辖区内河流的污染治理,把河流水质达标责任具体落实到人,体现了领导对节水型社会的重视程度。徐州市"干部河长制"管理制度落实非常到位,"节水减污"工作持续开展,在原有对14条重点河道实行市、县两级党政领导河长负责制的基础上,全市1233条"大沟"级以上河道全面实行市、县、镇三党政领导干部的"河长制"管理,截至2014年这项工作全部完成,中央主流媒体曾到徐州市开展了"河长制"专题采访活动。"河长"们上任后,纷纷着手对负责的河流进行诊断,分析污染症状,采取"一河一策"的方法,很快制定出了水环境综合整治方案等一系列措施。全市城镇河道保洁养护全面推向市场,制定了《市区主要河道管理考核办法》,并严格按照"办法"全面考核,率先制定了河道保洁质量地方标准,不断强化日常监督管理工作,部、省领导和兄弟城市多次到徐州市指导、交流。在这种人人有压力、大家有动力的治污体制下,河流治理取得了很好的效果。"干部河长制"有效调动了地方政府履行环境监管职责的积极性。让各级党政主要负责人亲自抓治污,有利于统筹协调各部门力量,形成了政府主导、分工负责、强化考核、协调联动、合力推进的工作机制,有效保障了各项任务的顺利实施,并取得了较好的建设成效,为节水型社会的延续性建设提供了强有力的组织保障。

(3)转换经营机制,完善管理组织,促进灌区走上良性运行轨道。

在各县(市)、区水务局(处)领导下,进一步明确了各灌区管理范围,并设立相应的分支管理机构;各灌区根据实际需要,以控制性的闸(站)为单元,成立基层管理组织,为灌区设施的维护管理提供先决条件。转换经营机制,完善管理组织,并成立了农民用水者协会,建立民主决策机制和民主管理制度,把大中型灌区斗渠以下的水利工程及小型灌区的经营管理权交给用水户,促使灌区走上良性运行的轨道。

明确工程产权归属。本着"谁受益、谁负责"的原则对灌区内设施及设备明确使用权和所有权。对于跨村工程规定属乡镇所有,由乡镇组建水管组织;跨组工程由村级管理,跨户工程由村民组管理。村组工程均落实责任人,明确管理职责。灌区在工程在管理上实行"用水协会＋用水组＋用水户"的管理模式。跨村的灌溉排水等工程,产权归用水者协会,用水者协会负责灌溉排水工程及配套建筑物的运行、定期检查、维修等工作;单村排灌站、农渠及农渠配套建筑物产权归用水组由其统一管理,田间工程产权归用水户并负责其日常管理。

用水者协会负责工程的维护管养、防止人为破坏,及时处理解决灌溉与排水中的矛盾纠纷,以确保灌溉管理工作正常有序地开展,积极组织开展测用水计量,编制用水计划、渠系及配套建筑物维修改造计划等业务工作,实现项目区灌溉运行安全、灌溉合理、用水科学,用水者协会按照自主管理、自主经营、自我服务、民主决策的市场化管理方式运行,同时接受水管单位的业务指导。

按照产权归属,进行工程维修责任与费用的划分。属于用水者协会管理的工程,其维修费用主要从收取的水费中支出,需更新改造而经费不足时,县、乡财政可适当补助;属于用水组管理的工程,其维修费用主要通过"一事一议"的办法筹集资金、劳务加以解决;属于农户管理的工程,其维修费用则由其自行解决。

(4)发挥经济杠杆调控作用,实施水价调节机制,以机制创新全面引领节水型社会建设的稳步推进。

徐州市是全国严重缺水城市之一,保障城市供水安全、治理水环境污染的任务十分艰巨,为实施节水优先、多渠道开源的水资源供需平衡战略,加快发展矿井疏干水。中水等非常规水资源利用,呈现多水源供水格局,本着优质优用、劣质低用的水资源配置的原则,充分发挥水价调节机制,实行差别定价、鼓励性价格、地表水地下水价格联动、超计划用水累进加价、城镇居民用水阶梯价格制度等一系列价格调控机制。推进机制创新,进一步推进水价改革,促进节约用水,提高供水品质,改善城市水环境,有效提高居民生活质量。

至2009年,徐州市基本对市区范围内实行"一户一表、抄表到户"的居民生活用水实行阶梯式计量水价。但从实施情况看,还存在阶梯水价进展制度不完善等问题,影响了阶梯水价机制作用的有效发挥。2014年国家发改委、住建部印发《关于加快建立完善城镇居民用水阶梯价格制度的指导意见》后,徐州市加快了建立完善居民阶梯水价制度的步伐,2015年底完成城镇居民阶梯水价的新方案,充分发挥了价格机制调节作用,对提高居民节约意识,引导节约用水,促进水资源可持续利用具有十分重要的意义。

推行不同区域、不同水源、不同用途差别定价。在地下水资源费方面,按照平原区深层地下水超采和限采区划分以及自来水供水管网供水情况,实行差别定价。通过科学的水价调控机制,促进了水资源优化配置,增强了节约用水的意识,提高了水资源的利用效率和效益。

实施鼓励性价格政策。积极促进、扶持再生水的开发利用,在全市范围内统一了再生水管网建设配套费标准。对再生水生产用电执行单一电价,免征水资源费和公用事业附加费。对企事业单位回用的再生水免征污水处理费。通过差价管理,使再生水与自来水价格保持适当差距,以低价切入的策略,引导和鼓励一些适用的行业和用户使用再生水。

建立地表水、地下水价格联动机制,通过缩小地下水与自来水价格的差距,利用价格的杠杆作用,实现地表水地下水联合调控。

(5)提高公众节水意识,建立公众参与机制与舆论监督机制,是实现节水型社会全面建设的群众基础和重要社会保障。

经常开展内容丰富、形式多样的宣传教育活动,并建立健全民众自觉节水的社会行为规范体系和渠道畅通机制灵活的节水文化体系,有效促进了全社会节水意识的全面培养。

徐州市构建多渠道、多层面的社会宣传、教育与参与体系,普及节水知识、节水文化,倡导绿色消费观念,促进全社会自觉节水与护水,不断提高公众节水意识。将日常宣传与重点宣传进行有机结合,日常宣传中充分利用报纸、电视、网络等媒介和平台,开展内容丰富、形式多样的日常宣传活动,通过徐州日报、都市晨报以及徐州电视台等多家新闻媒体对节水活动进行报道,引起了一定的社会反响;在重点宣传方面,组织广场文艺演出、电视主题晚会、水资源科普知识现场咨询、知识竞赛、领导发表专题文章、悬挂宣传标语、张贴宣传画等形式多样的宣传活动宣传水资源管理的法律制度和用水节水的科普知识;通过组织万人签名活动,现场发放环保购物袋、节水条例宣传单、家庭节水知识手册等节水宣传品,为创建节水型社会营造良好的舆论氛围。徐州市利用"世界水日·中国水周",邀请市人大、市政府、市政协,团市委、教育局、电视台、高校有关领导和专家参加,向社会宣传要惜水、节水、科学用水。围绕"世界水日·水与能源""中国水周·加强河湖管理,建设水生态文明"等主题开展了"水国情、水生态、水法治、水安全"知识宣传和科学普及活动,邀请领导与大学生一起参加"加强河湖管理,建设水生态文明"签名活动,举办"世界水日·中国水周"主题展览。开展宣传教育、奖惩评比和公众参与三方面的具体工作,通过定期奖惩评比制度,对上一年度节水型企业、节水型高校、节水先进单位和先进个人进行表彰和奖励,调动了社会各界参与节水工作的积极性,推动了节水型社会建设的整体进程。通过构建系统的公众参与体系,如组织公众参观水利工程和公开曝光浪费水、破坏节水设施、污染水环境等不良行为,规范公众的自觉节水行为。不断加强舆论监督,建立健全舆论监督机制,设立举报电话、在全市建立健全举报机制,形成了良好的舆论监督环境和氛围。

(6)建立节水减排激励机制,以"水更清"行动计划为抓手,加快推进水生态文明城市建设,是形成节水型社会长效机制建设的重要保障。

徐州市作为南水北调东线工程的省际源头,对于确保南水北调水量和水质安全具有举足轻重的作用。在试点期间,徐州市遵循流域水循环及其伴随的污染物过程,探索出了"源头减排→末端治理→水体修复"全过程的水污染防治体系。在此基础上,在后评价阶段,大力推进"水更清"行动计划,着力打造水净河清湖秀的生态徐州。根据中央水利工作会议和党的十八大对水利工作新的定位,徐州市坚持水资源、水安全、水环境三水统筹,围绕打造全国一流的水生态环境,大力实施"水更清"行动计划,完成投资 13.43 亿元,实施了控源截污、清淤贯通、生态修复、水质提升和尾水资源化利用及导流等五大类共 42 个项目,市区主要河湖水环境质量明显改善,水体流动能力明显提升,丁万河、贾汪凤凰泉、凤鸣海被评为省级水利风景区;邳州市引沂润城工程实现了城市河道互联互通,丰县丰城闸、邳州沂河橡胶坝、新沂市沭河等工程打造成了精品水景观。

徐州市的"七湖"水质已有"四湖"稳定在Ⅲ类水体以上,"九河"有"六河"水质提升了一个级次,市区水体流动能力由原来 20 万 m³/d 提高到 50 万 m³/d。"水更清"行动计划和"河长制"的持续深入执行,使河湖水体保洁水平大幅提升,市民对水环境投诉明显减少,满意度明显提高,市区水环境在全市创卫中起到了重要的"添彩"作用。"水更清"行动计划的实施加速了水生态文明城市试点工作的进度,2013 年,丰县、新沂市被确定为首批全省水生态文明建设城市试点。

徐州市重视加强水功能区监测管理,对全市 21 条河道的 49 个水功能区 76 个监测断面每月进行水质检测,并编制水功能区月报。强化入河排污口监督管理,对 183 个排污口重点监测,2014 年全市水功能区水质达标率 76%。加快水污染防治工程建设,强化污水处理厂监督,市区污水集中处理率达 91.5%。全面推进建制镇污水处理设施建设,覆盖率从 2012 年不足 10%提升到 2014 年的 98%,规范镇级污水处理厂运营,出台了《关于进一步加强全市镇级污水处理设施运营管理的意见》。突出水环境改善,利用微山湖、京杭运河优质水体对市区进行补水换水,投资 8000 万元对市区 10 条黑臭河道进行全面治理,市区河湖水环境明显改善,黑臭河道得以消除。

6.1.3　产业结构调整与节水措施

(1)积极调整产业结构,适时优化产业布局,是节水型社会建设长效机制的必然要求。

进行产业结构调整,实现水资源优化配置是节约用水的根本出路,也是建设节水型社会的必然要求。

徐州市确立了"水源跟着发展走,水源带动产业变"的思路,对有限的水资源进行优化配置,发挥出水的最大利用率和高产出效能。徐州市积极开展了调整农业种植结构、工业产业结构和增加第三产业比重三条有效措施,努力构建水资源低耗高效的社会经济结构体系。具体措施有:①农业种植结构的调整。以农业增效和农民增收为目标,以市场为导向、以科技为支撑,充分考虑当地水资源条件,积极调整种植业结构,发展生态农业,安排商品粮、棉、油、菜等基地的建设;水资源短缺地区严格限制高耗水作物,鼓励发展耗水少、附加值高的农作物。②工业产业结构的调整。通过工业结构调整,发挥结构节水效能。积极推进产业结构升级,发展高科技产业,构建符合城市功能定位和技术进步方向的新型产业体系。从淘汰耗水量大、用水效率低、水污染严重、高耗能生产工艺入手,着力解决结构性浪费水资源的问题。对电子信息等低耗水、高附加值的支柱产业和工业零排放的企业,实行满足用水需求和优质优供的倾斜政策。重点培育了电子信息、生物工程及新医药、环保等新兴产业,壮大工程机械、食品、化工等支柱产业,改造纺织、建材等传统产业。③逐年增加第三产业比重。加快发展商贸、旅游等服务业,全面推进产业结构战略性调整,努力构建水资源低耗高效的社会经济结构体系。

(2)节水科技创新是节水型社会建设的技术保障,水资源高效利用工程技术有力促进了行业节水。

在科技创新方面,徐州市进行了节水新技术、非常规水源利用技术和实时化的水资源管理信息系统三方面具体内容。

依靠科技创新,徐州市推广了多样的节水技术。在农业方面,积极改革灌区管理体制,调整种植结构,发展生态农业,推行先进的节水灌溉技术和节水灌溉机械化技术和装备,推行水稻旱作新技术,减少灌溉用水量。积极研究和采用新技术,提高灌区灌溉工程质量、灌溉技术水平和灌溉用水管理,建立健全节水灌溉和大中型灌区续建配套工程措施,加强节水改造力度,提高农业水资源利用率。农田灌溉水利用系数达到0.585。在工业节水方面开展火电、化工、纺织、冶金、建材、食品、造纸、机械"八大行业节水行动"带动行业节水。积极研发和采用节水设备和节水工艺,提高工业用水重复利用率,工业用水重复利用率达到86%。在城市供水方面,采取智能水表和节水器具、供水管网改造等一系列具体措施,普及节水器具,城市节水型器具普及率达到92%,城市供水管网漏损率下降到12.2%。科技创新为农业、工业和生活节水等方面提供了强有力的技术保障。

根据自身特色,徐州市积极发展非常规水源的利用,包括雨洪资源利用、污水再生利用和煤矿矿坑排水利用等。采取"截、蓄、调"等技术措施,对雨水进行收集、存贮、控制并高效利用。在不同区域探索实践了三种模式:在平原区以市、县骨干河道为纽带,采取疏浚河道、深沟密网、梯级控制、井河结合等工程技术措施来有效利用雨水资源;在山区修建雨水窖和小型水库、塘坝,开挖环山截水沟等措施拦蓄径流降水;在城市生活小区、运动场及风景名胜旅游区,因地制宜实施雨水收集、储存工程,用于绿地浇灌、办公场所卫生冲刷、日常洗车和园林景观用水等;在农村修建雨水窖、中小型水库、闸坝等增加蓄水能力。通过各种措施使全市年平均拦蓄雨洪水资源能力达到了3亿 m³ 左右。在污废水再生利用方面,21%的处理后城市污水得到了回用,主要用于徐州坝山热电厂、贾汪建平热电厂以及城市绿化景观用水等。在矿坑疏干排水利用方面,针对煤矿开采点多、矿坑排水量大的特点,坚持多渠道开发利用矿坑排水,组织实施了大屯煤电公司、徐矿集团新河煤矿、庞庄煤矿、夹河煤矿等10多家矿坑排水利用工程,把原来直接排放的矿坑排水用于防尘、洗选、洗浴、绿化和河湖补水等方面,矿坑排水年利用量达1450万 m³。

建设水资源管理信息系统,信息系统包括水量和水质两方面。重点监控全市各行政区域的用水总量和地下水动态变化情况,使全市的水资源管理信息一小时一报,达到了水资源管理精确化、实时化和深度管理的目标,实现了水资源信息的快速传递、全面共享和综合管理,为水资源合理利用、优化配置和水环境保护提供了有力的辅助决策支持。在水质方面,对全市河道及重点水功能区监测断面安装监测设施,每月进行水质监测,编制水功能区监测月报,上报省水利厅和市政府、市人大有关领导;另外还进一步完善了主要点源排污口的监测设施,并对农村面源开展监测。

6.1.4　节水示范区建设

节水载体建设是节水型社会建设的有效抓手,通过节水载体建设的带动,可以推进整个行业,甚至整个社会全面节水减排行动的有效开展。节水载体示范建设具有较好的示范性、典型性和创新性,体现了节水先进技术和节水减排效果。通过强化节水载体的典型示范性,带动节水型项目建设,强化科技推广,普及节水措施在各行业的应用。

徐州市在节水型社会建设中,十分重视节水载体的建设力度,2009 年在原有 38 个节水型载体建设的基础上,继续加强建设,共计完成节水型载体建设 61 个,其中完成 1 个省级节水型社会示范区建设,2 个省级节水型企业建设,2 个省级节水型示范灌区建设,7 个省级节水型社区建设,5 个省级节水型学校建设,2 个省级节水教育基地建设,8 个省级节水减排示范项目,以及 34 个市级节水型学校建设。采用加大资金扶持力度、加强政府服务职能、落实节水相关优惠政策等方法,鼓励用水户参与节水创建活动,成功培育大量的节水典型,并通过典型示范,有效推进了示范项目建设。节水载体建设是节水型社会建设的重要环节和有效抓手,有效实现了“以点带面,点面结合”的节水型社会建设思路,有效推进了全市节水型社会的建设进程。

徐州市结合地区特点和发展实际,在节水型社会建设的工作思路、工作体制和工作模式等方面进行了探索,总结出了一套适应经济中等发达、面临缺水和水污染问题、又属调水水源区的区域节水型社会建设的模式和路子,在节水型社会建设的延续性方面开创了较为独特的思路和方法,创新了节水型社会持续性建设的实践,对其他试点地区具有一定指导和借鉴意义,在全国也具有重要的示范意义和借鉴作用。

同时,徐州市是江苏省节水型社会建设的排头兵,开展了一系列节水示范性工程建设,营造了江苏省节水型社会建设蓬勃发展的良好局面。在徐州市节水型社会建设的带动下,江苏省多个城市先后加入全国节水型社会建设试点行列,并开展了持续性的节水型社会建设,对江苏省节水型社会建设的长期发展起到了良好的推动作用。

6.1.5　节水指标评估

通过全面回顾徐州市节水型社会试点的建设过程、考察建设内容、评估建设效果、总结建设经验,对照试点徐州市节水型社会建设规划目标与任务,分析徐州市的节水工作状态与工作开展形态,系统评估评价徐州市节水型设建设试点工作成果的延续、保持情况,具体见表 6-1 和表 6-2。

表 6 - 1　徐州市节水型社会建设延续情况

评估依据	编号	主要内容	内容细分	延续及保持情况
试点规划	A - 1	法规体系建设	①制定出台《徐州市水资源费征收使用管理办法》、《徐州市水资源管理实施办法》、《徐州市节约用水管理办法》、《徐州市中水利用管理办法》、《徐州市水权转让管理办法》、《徐州市污水排放管理办法》;②创设与行业性质及取用水规模相对应的循环水、中水利用率的控制性指标	①开展了《关于加强小沿河饮用水源地保护的决定（草案）》、《徐州市中水利用管理实施办法》、《徐州市水权转让管理办法》等的前期立法调研工作;②徐州市人大常委会立法计划;③《徐州市再生水管理条例》已列入 2012 年徐州市人大常委会立法程序,将于 2016 年 1 月 1 日起正式施行
	A - 2	体制建设	①成立徐州市及各县（市、区）水务局（水务处）,统一管理城乡防洪、除涝、蓄水、供水、节水、排水、水资源保护,污水处理及回用,地下水回灌等城乡涉水事务,对已成立水务局的单位,树立涉水事务统筹管理的理念,落实职能、加强规划,进一步推进水务投融资的市场化,建立良性的水务运行机制。②改革灌区现行管理体制。各灌区根据需要,以控制性的闸（站）为单元,成立基层管理组织,以整治农民用水者协会,建立民主决策机制和民主管理制度	①推进开展水务一体化改革,各区、县（市）成立水务局（处）,统一管理水资源,实现涉水事务一体化管理;②成立全省第一家水源地专业管理机构——徐州市饮用水源利工程管理中心;③积极组织农民用水者协会,转换经营机制,完善管理组织

（续表）

评估依据	编号	主要内容	内容细分	延续及保持情况
试点规划	A－3	制度建设	①建立总量控制与定额管理相结合的管理制度;②完善用水计量收费和超定额（计划）累进用制度;③完善水资源和水环境有偿使用监督制度;④建立健全全舆论监督制度	①用水总量控制,明确法律责任,严格取水许可,强化系统管理、规范两费征管。实行"三同时"、"四到位"与"两套指标",软硬结合实现了用水的严格管理。2014年共审核审批取水项目15个,完成规划水资源论证3个。全市水资源管理信息系统在线率90%,取用退水数据信息系统在线率90%。积极采取多种措施,严格"两费"征收管理,任务征收完成率100%。②用水效率控制规范化计量计划用水管理,实行计划用水和行业用水定额相结合,严格计划与计量管理,核定下达770家工业生活用水户的用水计划,纳入计划管理。严格保护地下水,积极开展封井限采工作,2014年全市关闭水井68眼。按照无缝隙覆盖、全过程监管的要求,强化各部门联合执法,加大案件查处力度,在全市开展了涉及违法"百日整治行动",5起案件移送司法机关。③制定《徐州市用水定额》(DB3203/T 501—2013),涉及工业企业、公共生活、居民生活三部分27类39项84个用水定额控制性指标。④建立超计划用水累进征收水资源费、惩罚性水价制度、落实水资源费调价政策、实行超计划加价收费。⑤严格执行《徐州市城市污水处理费征收管理办法》。⑥设立水政监督大队监督举报电话;对污染水环境的不良行为进行公开曝光。⑦严格实施取水许可和水资源论证制度,节水设施"三同时,四到位"管理制度

（续表）

评估依据	编号	主要内容	内容细分	延续及保持情况
试点规划	A-4	机制建设	①建立科学的水价形成机制；②建立和完善稳定的节水资金筹集机制；③建立和完善水权交易机制；④建立政府调控,市场调节,公众参与运行机制	①实施并落实水资源费调价政策；建立超计划用水加价征收水资源费(水费),阶梯水价和差别水价等价格调节制度。②水资源管理工作经费占财政支出的2‰以上,落实节水技术和产品推广财政补贴政策；出台实施地方节水回用等税收支持政策,引入TOT,BOT等建设管理方式吸引社会投资。③完成《徐州市水权转让管理办法》前期公众参与的协调调研工作。④建立了政府宏观调控,市场引导,公众参与调节,实现涉水事务统一管理；积极推动给排水市场化机制；建立各种用水者协会,加强公众参与定了规划和规章制度
	A-5	调整优化经济结构	①调整种植业结构,发展生态农业；②推进产业结构升级,发展高科技产业	①农业种植结构的调整。以农业增效和农民增收为目标,以市场为导向,以科技为支撑,充分考虑当地水资源条件,积极调整种植业结构,发展生态农业等基地的建设；水资源短缺地区严格商品粮,棉,油,菜等高耗水作物,展耗水少,附加值高的农作物。②工业产业结构的调整。积极推进产业结构升级,发展高科技,构建符合城市功能定位和技术进步方向的新型产业。徐州市重点培育了电子信息,生物工程及新医药,环保等新兴产业,壮大工程机械,食品,化工等支柱产业,改组改造纺织,建材等传统产业。③逐年增加第三产业比重。徐州市加快发展商贸,旅游等服务业,全面推进产业结构战略性调整,努力实现水资源低耗高效的社会经济结构体系

（续表）

评估依据	编号	主要内容	内容细分	延续及保持情况
试点规划	A-6	优化水利工程调度方案	①进一步压缩超采区地下水开采量。②在明确防洪安全的前提下，适当抬高兴利水位，减少引提水量；特别干旱年份，启动水源调度应急预案	①《徐州市地下水资源管理条例》规范了地下水的日常管理，严格保护地下水，积极开展封井限采工作，2014年全市关闭水井68眼。②编制并实施地下水开发利用规划和压采方案，加强地下水位红线管理考核，地下水超采报告制度，建立勘探等前期工作预报制度。③积极开展雨洪水利用，建立城市雨水利用工程，并建设雨污分流排水体制工程。④完善了水源地突发性水污染事件的应急预案和应急保障措施，建立了一支专业应急抢险队伍，增强了处置突发性水污染事件的应急能力
	A-7	工程建设	①水资源管理控制计量设施建设；②水资源管理决策支持系统建设；③节水型社会载体建设；④中水回用工程；⑤雨水利用工程；⑥生态工程	①加强监测能力建设，水功能区监测全覆盖，水资源管理信息系统在线率90%以上，资料录入齐全。②在徐州市境内各供水沿线，水系（市）县（市）区界周边水量交换的重要断面口门和市际断面建设31处地表水计量断面和20处地下水口门取用水量监测站和127处地下水监测站；自备水源供水计量率达到100%。③完成水资源管理信息系统工程建设，实现水资源基础数据库建设，水资源遥测系统，节水型社会遥测系统以及14个测站年。④截至2014年完成1个省级节水型社会示范区建设，2个省级节水型示范灌区建设，7个省级节水型企业建设，5个省级节水型学校建设，2个省级节水教育基地建设，34个市县节水型学校建设。⑤2011、2012、2013和2014年中水利用量分别为1289.78万 m³、1760.96万 m³、3382.15万 m³ 和3386.38万 m³。⑥2011、2012、2013和2014年雨水利用量分别为1292.61万 m³、1208.04万 m³、0.2万 m³ 和2.41万 m³。⑦编制水生态文明建设方案并实施完成水生态文明试点建设任务，定期开展河湖健康评估，丰县省级水生态文明试点建设，探索水生态补偿机制，组织水生态修复示范工程建设，推行"河长制"管理，制订了《市区主要河道管理考核办法》顺利通过省厅审查并批复，并得到全面落实

（续表）

评估依据	编号	主要内容	内容细分	延续及保持情况
试点规划	A-8	文化建设	①系统开展节水宣传基础教育;②树立节水的社会风尚;③提倡文明的节水生活方式	①定期召开节水工作座谈会,总结经验,表彰先进;将节水纳入中小学基础教育,在"世界水日""中国水周"期间,利用广场文艺演出,电视主题晚会等强化宣传效果,普及节水法规条例,深入企业内部做好节水宣传。②徐州日报,都市晨报以及徐州电视台等多家新闻媒体对节水活动进行报道;对上一年度节水型企业(单位),节水型高校,节水先进单位,先进个人进行表彰。③联合街道办事处,居委会开展"节水进社区"活动,搭建节水平台;组织"节水器具进万家"活动,推广节水技术和产品
总体方案:建设任务	B-1	以供需协为核心的水资源合理配置平台建设	①统一配置生态和经济用水;②建立城乡水资源联合调配体系;③实行多水源统一规划与调度;④完善配置和人饮保障工程体系;⑤制定特殊情景下的供用水应急预案	①制定和完善水资源调度方案,应急调度预案和调度计划,建立并经批准的水资源统一调配机制,地方人民政府和部门等服从经批准的水资源统一调度方案和调度计划。②科学编制水源调度预案:在水稻栽插线路运河沿线用水的用水矛盾,按照用水高峰期,为缓解京杭运河沿线市居民生活用水,电厂发电,工业及农灌的先后顺序的原则及不同水源供给范围,科学调度和优化配置。③压缩超采区地下水开采范围;实现非常规水利用。④加强水源地应急管理及预警机制,确保饮用水水源地安全。⑤启动水源调度应急预案,启动京杭运河,徐洪河两线,全力调引江淮水北送,力争尽快调水进入路京杭运河,刘山南北站,大庙站,全力调引徐洪河西送,开足沙集,刘集,单集,大庙站,全力调引徐洪河西送;开足沙集翻水站,尽可能引取洪泽湖水西送

（续表）

评估依据	编号	主要内容	内容细分	延续及保持情况
	B-2	"政府—市场—公众"三位一体水资源管理体系建设	①推进政府主导下的水权制度建议;②加速市场经济调节机制的建设;③积极推进公众参与式管理;④深化涉水事务管理体制改革	①见A-2;②见A-4;③见A-8
总体方案:建设任务	B-3	与水资源承载能力相适应的产业经济体系建设	①优化社会经济结构;②科学规划产业布局;③革新传统生产模式;④科学调整虚拟水贸易结构	①三大产业结构比重由2004年的15.7:49.6:34.7提高到2008年的10.5:52.9:36.6。②在丘陵地区和二级地区以上提高高地,重点发展瓜果蔬菜,花卉苗木等经济作物;严格规定了优化开发、重点开发,限制开发和发展方向。③在工业节水方面开展火电、化工,纺织,食品,建材,造纸,机械"八大行业节水行动"带动行业节水。企业水平衡测试、清洁生产和"零排放"示范项目;智能水表和节水器具,供水管网改造等。④开展徐州卷烟厂等企业的污水零排放示范工程:在火电、化工、烟草等行业建成一批"零排放"示范企业
	B-4	以定额管理为主要内容的工程技术体系建设	①用水计量和管理设施建设;②各业节水工程设施建设;③非常规水利用工程设施建设	①见A-7。②发展喷灌、微灌节水灌溉示范点,对年取水量在50万m³以上的所有工业企业全面进行节水技术改造,开展"八大行业节水行动";在各用水单位全面推广"智能化一并一表"改造工程;有计划地淘汰更换单位和家庭已经投入使用的非节水设施、器具,建立节水设施、产品,推动单位和家庭禁止销售和安装使用明令淘汰的产品;对城区供水管网进行了改造和铺设,供水管网漏失率由2004年的19.9%降低到2014年15.78%。③2014年非常规水源利用量4757.70万m³,其中:雨水、洪水利用1292.61万m³,中水1289.78万m³,矿坑水利用2175.31万m³

（续表）

评估依据	编号	主要内容	内容细分	延续及保持情况
总体方案：建设任务	B-5	以双总量控制为主要手段的生态环境保护体系建设	①确立水生态保护与管理主体；②科学制定总量控制指标；③加强地下水资源保护；④水环境保护与修复；⑤重点生态系统保护与修复	①在全市范围内实行"河长制"——市政府主要领导分别担任市区主要河道的"河长"，为实现水环境治理目标提供行政保障。②在地表水功能区管理中，通过计算确定了功能区削减污染物排放量，水功能区限制排污总量控制和管理，实施行政区域污染地保护和监测；加强水源地保护和管理，实现地下水管理，保障城市供水安全；强化地下水管理，实现南水北调水合理开采。③重视水污染防治工作，确保南水北调水质达标；坚持对全市河道及重点水功能区检测断面进行水质监测，及时编制水质达标旬报；水功能区水质达标率从2004年的70%提高到2014年的76%。④建设生态水环境，开展以"清洁田园、清洁水源、清洁家园"工程为主要内容的农村水环境综合整治
	B-6	以增进法制和公众参与为重点的社会环境建设	①将节水纳入法制化轨道；②提高社会公众节水意识；③培育有区域特色的现代水文化	①见A-1；②见A-8；③见A-8
总体方案：试点建设重点	C-1	用水总量控制与定额管理制度建设	①确定分级总量控制指标；②完善各业用水定额标准；③配套相关管理制度；④完善计量与监测设施	见A-3
	C-2	水管理体制与水价形成机制改革	①水管理体制改革；②各业水价改革；③设立节水专项资金	①见A-2；②见A-4；③建立了节水型社会建设专项经费，主要用于宣传、调研和专项课题的研究

（续表）

评估依据	编号	主要内容	内容细分	延续及保持情况
总体方案：试点建设重点	C－3	农业节水工程技术体系建设	①大中型灌区节水改造；②推广实用农业节水技术；③完善灌溉用水计量设施	见 B－4
	C－4	水环境保护体系建设	①二次产业的升级改造；②排污总量控制制度建设；③水环境和排污监控与管理；④探索排污权交易	见 B－5
	C－5	加强水利工程联合调度	①实现水库蓄水、湖泊水体、地下水、引江水以及河槽蓄水量的统一调度。②适当抬高汛限水位，尽可能地拦蓄洪水尾巴；特别干旱年份，启动水源调度应急预案	见 A－6
总体方案：试点示范内容	D－1	水权制度建设	①水资源所有权制度；②水资源使用权制度；③水权流转制度	见 A－4
	D－2	水污染防治制度建设	①健全水功能区管理制度和水资源保护规划制度；②建立排污总量控制和水环境管理制度；③完善水环境与排污计量监测设施体系	见 B－5
	D－3	水管理体制改革建设	①制定区域水务统一管理体制改革方案；②积极推进城乡水务一体化管理；③加大政企分开、政事分开改革力度；④协同工作机制建设	见 A－2

表6-2 徐州市节水型社会建设目标实现情况

类别	指标体系	指标编号	2002年	2004年	2008年	2011年	2012年	2013年	2014年
综合考核指标	万元GDP取水量(m³/万元)	A-1	462.6	403.6	181.2				83.3
	工业万元增加值取水量(m³/万元)	A-2	103.6	125.0	33.9				11.8
	万元GDP取水量递减率(%)	A-3		10.4	15.8				6.4
	计划用水实施率(%)	A-4	85.0	87.2	91.5				
第一产业指标	综合灌溉定额(m³/亩)	B-1	270.3	224.0	195.0				
	灌溉水利用系数	B-2	0.49	0.495	0.53				0.585
	节水灌溉工程率(%)	B-3	32.0	33.8	61.2				
第二产业指标	工业用水重复利用率(%,无火电)	C-1	55.0	58.0	75.0	95.78	96.47	95.18	96.22/86
	工业万元增加值取水量(m³/万元,不含火电)	C-2	66.1	81.4	25.6	24.98	28.79	8.66	6.04
	徐州市区污水处理率(%)	C-3	45.0	68.3	80.8	94.65	95.23	95.67	95.83
	县城区污水处理率(%)	C-4	10.0	20.46	62.4				
	污水处理回用率(%)	C-5	5.0	10.5	21.0				
第三产业指标	城镇人均用水量[升/(人·天)]	D-1	171.9	208.2	180.2				
	供水管网损失率(%)	D-2	20.0	19.9	14.2	12.63	8.96	15.92	15.78
	节水器具普及率(%)	D-3	60.0	70.0	95.0	100	100	100	100
水生态环境目标	水功能区水质达标率(%)	E-1	50.0	60.0	77.0				76
	集中式饮水水源达标率(%)	E-2	95.0	100.0	100.0				100
	地下水超采率(%)	E-3	—	7.4	0.5				

6.1.6 小结

整体上来看,徐州市基于自身的区情、水情,积极探索节水型社会制度建设,加快建立与节水型社会相协调的法律法规与规章体系,为建立和完善新型节水管理制度体系提供了丰富的经验;积极开展水资源管理体制建设,建立节水减排激励机制,以体制机制创新全面引领节水型社会建设稳步推进;积极开展调整农业种植结构、工业产业结构和增加第三产业比重三条有效措施,努力构建水资源低耗高效的社会经济结构体系;积极开展节水科技创新,研究探索节水新技术、非常规水源利用技术和实时化的水资源管理信息系统,为节水型社会建设提供强有力的技术保障;积极强化节水载体的典型示范性,带动节水型项目建设,普及节水措施在各行业的应用。徐州市节水型社会建设得到很好的延续,年度水资源管理和节水型社会建设任务全面完成,探索出的节水型社会建设模式对经济中等发达,面临缺水、水污染问题的调水水源地区具有一定指导和借鉴意义。

6.2　郑州市节水型社会建设示范区后评估

郑州市于 2005 年被水利部确定为南水北调东中线受水区全国节水型社会建设 6 个试点之一。2006 年 1 月,郑州市人民政府编制完成的《郑州市节水型社会建设规划》(以下简称《规划》)通过了水利部水资源管理司和河南省水利厅组织召开的专家审查。同年,水利部和河南省政府分别发布《关于同意郑州市节水型社会建设规划的函》(办资源函〔2006〕360 号)和《关于郑州市节水型社会建设规划的批复》(豫政文〔2006〕174 号),批复同意组织实施《规划》。

经过多年持续建设,郑州市节水型社会建设工作取得了显著成效。2010 年水利部水资源司和全国节约用水办公室组织节水型社会建设试点技术评估专家组,对郑州市节水型社会建设试点进行了评估验收;同年 10 月,郑州市并被水利部授予“全国节水型社会建设示范市”。为贯彻习近平总书记提出的“节水优先”新时期治水方针,落实最严格水资源管理制度,进一步推进节水型社会建设,2017 年,水利部淮河水利委员会完成了郑州市节水型社会建设示范区后评估工作。通过实地调研,对照郑州市节水型社会建设规划目标任务,分析评估“郑州市节水型社会建设试点”验收后的节水工作保持、延续以及拓展情况。

6.2.1　体制与运行机制

(1)水资源管理体制取得新进展

郑州市节水型社会试点建设以来,在水资源统一管理和水务一体化管理方面做出了卓有成效的工作,实行水资源统一管理体制,实行用水与排污总量控制,明晰初始用水权,进行初始水权分配,初步形成了合理的水价形成机制和水资源与水生态保护的运行机制。基本建成了水资源管理信息系统,初步实现水资源实时监控、优化调度。郑州市水务局在市委、市政府的领导下,服从和服务于城乡统筹、"四位一体"科学发展总体战略,认真贯彻落实相关工作会议精神,按照"项目服务年"总体要求,围绕推进"三个集中",坚定信心,迎难而上,超常工作,狠抓项目的推进、水环境综合整治、生态区创建等工作,城乡水务一体化加快推进。将供水、排水与污水处理管理职责划入郑州市水务局,水务改革取得了突破性进展。

郑州市政府高度重视节水型社会建设工作,成立节水型社会建设领导小组指导相关工作的开展。积极推行管理体制改革,顺应水情、市情面临的形势,实现了统一管水、统一用水的目标,符合经济社会科学发展规律,为郑州市建设现代化水利奠定了体制基础。

(2)农业节水进入良性运行的轨道

建立了农业用水、管水、节水组织。明确了各灌区管理范围,并设立相应的分支管理机构;各灌区根据实际需要,以控制性的闸(站)为单元,成立基层管理组织,为灌区设施的维护管理提供先决条件。转换经营机制,完善管理组织,并成立了农民用水者协会,建立民主决策机制和民主管理制度,把大中型灌区斗渠以下的水利工程及小型灌区的经营管理权交给用水户,促使灌区走上良性运行的轨道。用水者协会负责工程的维修、养护、防止人为破坏,及时解决处理灌溉与排水中的矛盾纠纷,以确保灌溉管理工作正常有序地开展,积极组织开展用水计量,编制用水计划、渠系及配套建筑物维修改造计划等业务工作,实现项目区灌溉运行安全、灌溉合理、用水科学,用水者协会按照自主管理、自主经营、自我服务、民主决策的市场化管理方式运行,同时接受水管单位的业务指导。

明确工程产权归属。本着"谁受益、谁负责"的原则对灌区内设施及设备明确使用权和所有权。跨村工程属乡镇所有,由乡镇组建水管组织;跨组工程由村级所有,跨户工程由村民组所有。村组工程均落实责任人,明确管理职责。灌区工程在管理上实行"用水协会+用水组+用水户"的管理模式。跨村的灌溉排水等工程,产权归用水户协会,用水协会负责灌溉排水工程及配套建筑物的运行、定期检查、维修工作;单村排灌站、农渠及农渠配套建筑物产权归用水组由其统一管理,田间工程产权归用水户并负责其日常管理。

整合政府各涉水管理部门,实现了《规划》中"统一资源、环境管理和水务市场监管"的中远期目标;同时推进供水、配水、节水、排水、污水处理和中水等公共服务部门的市场化改革,从农业节水、工业节水、生活节水等多角度强化了水资源管理和水环境管理的协调与机构整合。而从初始水权分配与用水指标交易管理制度上看,水权交易制度和交易平台建设需要不断创新与推动,目前郑州市仍需进一步进行探索与实践。

6.2.2 制度落实情况

（1）形成完善的水法规规章体系

根据《水法》《河南省水资源管理条例》及有关法律法规和节水防污管理制度的要求，郑州市 2002 年颁布了《郑州市水资源管理条例》，规范水资源的日常管理；2005 年出台了《郑州市城市污水处理费征收使用管理办法》，规定对于不同的用水方式采取不同的收费方式；1994 年颁布了《郑州市城市供水管理条例》、2007 年颁布实施了《郑州市节约用水条例》。其中，《郑州市节约用水条例》在全省范围内都具有开创性，该条例在提高水资源利用效率、开发非传统水源等方面做出了详细规定，将节约用水工作纳入了法制化轨道。这一系列有关水资源节约、保护和管理的法规体系的颁布实施，提高了郑州水资源管理的法制化程度，为郑州市节水型社会建设提供了法律保障。2014 年，郑州市人民政府发布了《郑州市人民政府关于实行最严格水资源管理制度的实施意见》（郑政〔2014〕27 号）；2016 年，郑州市城市管理局印发了《郑州市城市管理局关于进一步加强城市排水许可管理工作的通知》。

（2）不断完善并形成节水型社会管理制度体系

最严格水资源管理制度建立以来，郑州市确立水资源管理"三条红线"，严格执行"四项制度"，每年度河南省最严格水资源管理考核中郑州市均处于优良等级。同时郑州市全面开展对各辖县（市）、区最严格水资源管理的考核，将其纳入政府考核的指标体系。在日常水资源管理中，郑州市严格实施取水许可、水资源论证和水资源有偿使用、计划用水指标核定以及超计划用水累进加价等水资源管理制度，探索实践区域总量控制、微观定额管理的计划用水管理新模式，水资源开发利用、节约保护做到了有法可依、有章可循。郑州市先后出台了《节约用水奖励办法》《郑州市物价局关于调整郑州市市区城市集中供水价格的通知》，实施完善的奖惩台账记录，并在居民阶梯水价的基础上开展"一户一表"改造工作。

郑州市根据自身水资源和经济发展特点，以用水总量控制为核心，通过用水总量控制与定额管理相结合的制度、排污总量控制制度、取水许可和水资源论证制度、水资源有偿使用制度、节水设施"三同时"制度的建设，形成了一整套节水型社会管理制度体系，并逐步建立起了政府宏观调控、市场主导、公众参与的水管理体制和协调激励机制，确保了责任到位、措施到位、投入到位，保障了郑州市节水型社会建设工作的顺利开展。

对比《规划》所确定的目标，郑州市将制度体系改革作为节水型社会建设的关键，积极探索节水型社会制度建设，基于自身的市情、水情，建立和完善了新型节水管理制度体系，完成了《规划》既定的中远期目标。下一阶段重点任务是，结合水资源税改革试点发挥税收调节作用，通过设置差别税额、依法加强征管，抑制地下水超采和不合理用水需求，调整优化用水结构。

6.2.3 节水示范工程建设

节水型示范工程是节水型社会建设的载体。2011—2016 年，郑州市共创建节水型载体 448 个,其中,节水型企业(单位)409 个(172 个省级节水型单位,237 个市级节水型单位),节水型社区 13 个,节水型灌区 10 个,节水型高校 16 个。郑州市 2013 年省级节水型企业(单位)共计 26 家,2014 年省级节水型企业(单位)27 家。2015 年省级节水型企业(单位)155 家,2016 年省级节水型企业(单位)172 家。

(1)节水型灌区。郑州市积极开展以节水灌溉为目标的农田水利现代化示范乡镇项目建设,着力打造"智能、节水、规模、增效"的现代化示范区。启动的 10 个项目中,2013 年 3 个项目完工并发挥效益,总投资 2.27 亿元;2014 年度 4 个项目完工并发挥效益,总投资 2.94 亿元;2015 年度 3 个项目基本完成,总投资 1.96 亿元。以新郑市观音寺镇、中牟县官渡镇和新密市来集镇等为示范乡镇,建设灌溉渠系、低压管道输水、喷灌、微灌、机井及其他节水工程,形成先进实用、节约集约的节水灌溉工程体系;开展河库灌区量水系统、井灌区 IC 卡智能控制系统、设施农业自动灌溉控制系统、墒情自动采集站、地下水信息自动采集站、计算机网络建设,形成了运转灵活、自动智能的农田水利信息化工程体系。

(2)节水型企业。2005—2016 年郑州市设立节水专项资金,先后投入 3.51 亿元,建立了 172 家省级节水型示范单位,补助建设 200 余项各类节水工程,其中建成 62 个循环水利用项目、85 个中水利用项目、11 个器具检测和改造项目,62 个雨水收集项目。对年取水量在 50 万 m^3 以上的所有工业企业全面进行节水技术改造(含自来水供水企业共 32 家,占全市工业用水量的 76.3%);全面推广"智能化一井一表"改造工程;开展水平衡测试工作,摸清企业用水现状,为企业指明节水的重点和方向;加大节水技改力度,先后组织实施了郑州市热力总公司、新力电力公司、宇通汽车客车有限公司、思念食品有限公司等一大批用水企业的节水技改工程;积极开展清洁生产和"零排放"示范项目;加强企业用水定额管理,对超定额或超计划用水企业,实行累进加价征收水资源费,做好企业节水宣传,提高他们的节水意识,将节水贯穿于生产的各个环节。

(3)节水型高校。将节水与高校的教学相结合,形成独特的高校节水氛围;对宿舍用水、公共保洁、浴室用水、食堂用水实行定额管理,推行节奖超罚机制;"一张标语、一点行动",鼓励大家从身边做起厉行节约;在集中浴室、热水房实行 IC 卡智能用水系统管理;全面安装延时自闭、红外感应式水龙头。

积极引导市内各高校用水户开展建筑中水利用工程,郑东新区龙子湖高校园区内华北水利水电大学、河南农业大学、河南财经政法大学、河南中医药大学、郑州航空工业管理学院、河南牧业经济学院等 10 余所高等院校相继建设了中水利用工程,经济效益明显,全市高校中水年利用量约 150 万 m^3。

(4)节水型社区。郑州市根据河南省《关于建设节水型社区的通知》(〔2015〕53 号),深入开展节水型社区建设,截至 2016 年 8 月底建设 13 个节水型社区涉及 8.1 万户居民。有计划地淘汰更换非节水设施、器具;建立节水设施、器具市场准入制度,禁止销售和安装使用明令淘汰的产品;联合街道办事处、居委会开展节水知识普及活动,搭建节水减排社区平台,在社会公众中大力倡导节水新理念,形成健康、文明、节约、环保的生活方式;

加大对水消耗大的设施和老管网的改造或更新,降低水的无效消耗。

建立一批理念先进、技术领先、效果显著的节水载体,实行分类指导、以点代面、点面结合,是节水型社会建设的重要落脚点,发挥节水载体的辐射带动和示范引领作用。进一步扩大节水载体建设范围,通过制度设计、运行机制、经济手段确保节水载体,建得成、管得好、长受益。

6.2.4　节水指标与成效

《规划》所确定的一般指标已经实现,包括万元 GDP 用水量递减率、城市计划用水实施率、农田综合灌溉定额、节水灌溉工程覆盖率、城镇居民人均生活用水量、饮用水源地达标率、地下水控制及城市污水收集率、城市污水处理率、污水回用率等。具体见表 6-3 和表 6-4。

对照《郑州市节水型社会建设规划》目标综合来看,郑州市结合地区特点和发展实际,在节水型社会建设的工作思路、工作体制和工作模式等方面进行了探索,总结出了一套适应经济中等发达、面临缺水和水污染问题地区的区域节水型社会建设的模式和路子,在节水型社会建设的延续性方面开创了独特的思路和方法,开展了一系列节水示范性工程建设,营造了河南省节水型社会建设蓬勃发展的良好局面。

6.2.5　产业结构调整与节水措施

郑州市通过节水助力全市产业结构与布局的调整,与水资源优化配置协同推进,通过政策引导、产品升级、技术创新、水价调节等,加大淘汰高耗水、高耗能生产工艺,鼓励低耗、节水、绿色、循环产业,限制发展高耗水的建设项目,促进产业结构调整和优化,并取得以下成果与经验。

一是节能降耗,加快产业结构的调整。通过产品升级、技术创新等,加大淘汰高耗水、高耗能生产工艺的力度,鼓励采用节水、零排放生产技术和工艺,限制发展高耗水的建设项目,促进产业结构调整和优化。大力发展节水型农业,逐步减少高耗水作物种植面积和水产养殖面积,大力开展农业节水,做到了农业增产、增收,用水零增长。

二是优化配置,提高水资源的承载能力。按照"先节水后调水,先治污后通水,先环保后用水"的原则,对郑州市水资源进行合理配置,原则为:南水北调水源用于城乡生活用水和有水质要求的化工医药、服务用水;黄河水源用于生态环境用水的补充、农业用水和部分工业用水;城市中水用于环境生态用水。通过加快与南水北调相配套的城市公共供水设施和管网建设、生态循环用水系统建设、城市中水设施建设,加大封停自备井力度,实现水资源配置目标,提高水资源的承载能力。

三是调整工业产业产品结构,提高用水效率和效益。市政府下发了《关于加快发展循环经济工作的实施意见》,大力推进产业结构调整,对行业产品结构不合理、高耗水的企业给予政策引导、资金补助,改造提升传统优势产品的同时,培育优势产业、绿色产业,发展循环经济。目前,郑州市工业用水重复利用率达到了90%以上。

表 6-3　郑州市节水型社会指标延续情况

类别	指标体系	指标编号	2010 年	2012 年	2014 年	2015 年	2016 年
综合考核指标	万元 GDP 取水量（m³/万元）	A-1			10.51	9.45	9.20
	工业万元增加值取水量（m³/万元）	A-2				18.87	15.1
	计划用水实施率（%）	A-4	58.9	61.1	64.31	65.26	68.12
第一产业指标	综合灌溉定额（m³/亩）	B-1	129.1	122.9	153.2	156.0	137.2
	灌溉水利用系数	B-2	0.58			0.669	0.682
	节水灌溉工程率（%）	B-3				13.9	15.3
第二产业指标	工业用水重复利用率（%，不含火电）	C-1	75		90.79	91.93	92.48
	工业万元增加值取水量（m³/万元，不含火电）	C-2	24.7	24.6	18.1	19.0	17.5
	市区污水处理率（%）	C-3				96.04	98.03
	县城区污水处理率（%）	C-4			81.2	83.4	86.7
	污水处理回用率（%）	C-5			34.2	58.7	66.3
第三产业指标	城镇人均用水量[升/（人·天）]	D-1	138.4	141.1	139.8	152.5	153.2
	供水管网损失率（%）	D-2			15.79	15.65	14.69
	节水器具普及率（%）	D-3				100	100
水生态环境目标	水功能区水质达标率（%）	E-1				38.0	40.5
	集中式饮用水水源达标率（%）	E-2				98.5	99.7

表6-4 郑州市节水型社会建设延续情况

评估依据	编号	主要内容	内容细分	延续及保持情况
试点规划	A-1	制度建设	①健全水资源监控体系;②完善水资源管理投入机制;③建立水资源管理制度;④建立最严格水资源管理责任和考核制度及水市场监督制度	①先后建立了水资源实时监控系统、网络数字节水系统、水资源管理地理信息系统,实现了对全市地下水的水量、水位和地表水的水质及污水排放等情况的实时、全方位动态监测和监控并积极推进郑州市水务管理信息系统建设和综合管理平台。②2017年郑州市将开展中小河流域综合治理工程,郑东新区两潮五河贯通工程,登封市颍河生态治理工程等11项流域生态治理工程。③市政府出台了《郑州市人民政府关于印发郑州市实行最严格水资源管理制度的实施意见》(郑办[2014]27号)《郑政[2014]23号)、完成了落实郑州市最严格水资源管理制度考核内容、考核步骤等内容。④2017年1月,郑州印发《2016年度郑州市最严格水资源管理制度考核方案》郑水资[2017]1号,确定了郑州市最严格水资源管理制度考核内容、考核步骤向各县(市、区)的分解。2017年1月,郑州市组织了大型广场宣传活动,启动了"中原节水社区行"活动,(市、区)水资源管理有关人员召开水资源管理工作培训,重点对取水许可的办理、水行政执法、最严格水资源管理制度考核等内容进行培训。⑤在"2016年中国水周"期间组织了大型广场绘画大赛,启动了"中原节水社区行"活动,2016年3月,郑州市组织各县
	A-2	机制建设	①建立科学的水价形成机制;②建立和完善稳定的节水资金筹集机制;③建立和完善水权交易机制;④建立政府调控、市场调节、公众参与运行机制	①扩大水资源费征收范围并适当提高征收标准;逐步提高水利工程水价;制定合理调整城市供水价格体系;加强污水处理费征收;加强对排污费的征收和管理;调整用水价格、促进污水处理用和分质供水。实行阶梯式水价;继续推行超计划、超定额加价收费。②水资源管理工作经费占财政收入比重逐年增加。落实节水、再生水回用等税收支持政策。出台实施地方节水技术和产品推广财政补贴政策。③成立了河南省水权收储转让中心。④建立了政府宏观调控、市场引导、公众参与的协调激励机制;政府编制了规划和规章制度;实现涉水事务统一管理;积极推动给排水市场化机制;建立各种用水者协会,加强公众参与

（续表）

评估依据	编号	主要内容	内容细分	延续及保持情况
试点规划	A-3	调整优化经济结构，发展生态农业，推进产业结构升级、发展高科技产业	①调整种植业结构。②推进产业	①农业种植结构的调整。以农业增效和农民增收为目标，以市场为导向，以科技为支撑。充分考虑当地水资源条件，积极调整种植业结构，发展生态农业，地区严格限制高耗水作物，鼓励发展高耗水少、附加值高的农作物。安排商品粮、棉、油、菜等基地的建设；水资源短缺地区严格限制高耗水、不适经济工作的实施意见》。②市政府下发了《关于加快发展循环应消费结构升级的给予政策引导，资金补助，在进一步改造提升传统优势产品的同时培育链条长，具有大力推进产业结构自我调整的能力比较差，对行业产业结构调整。对行业产品的同时培育新兴产业产品。截止到2015年，郑州市工业用水重复利用率达到了90%，工良好经济效益和环境效益新兴产业产品。业万元产值取水量下降到了7.4m³，充分体现了节水型城市创建对郑州经济社会可持续发展的支撑作用
	A-4	节水压采与优化工程调度与水源调度应急预案	①进一步压缩超采区地下水开采量。②在明确防洪安全的前提下，适当抬高兴利水位，尽可能地拦蓄洪水尾巴、减少引提水量；特别干旱年份，启动水源调度应急预案	①《郑州市地下水资源管理条例》规范了郑州市地下水的日常管理，严格保护地下水，积极开展封井限采工作，2016年郑州市关闭水井56眼。②编制并实施地下水开发利用规划和压采方案，加强地下水监测，监测浅层地下水一般超采区、深层承压水严重超采区。南水北调中线工程通水后，通过置换水源，河道渠系整治和水系连通，地下水回灌，地下水压采等综合治理工程措施，地下水位逐步恢复，根据动态监测，相比2014年，2016年市区浅层地下水位平均回升了2.14m，漏斗面积缩小了34.57km²。③积极开展雨洪水利用，建立城市雨水利用工程，并建设雨污分流排水体制管道系统。④完善了处置突发地突发性水污染事件的应急预案和应急保障措施，建立了一支专业应急抢险队伍，增强了处置突发水污染事件的应急能力

（续表）

评估依据	编号	主要内容	内容细分	延续及保持情况
试点规划	A-5	多渠道开源、置换优质水资源	①雨水工程；②节水型社会载体建设；③中水回用工程；④生态工程	①2014年，郑州市启动了创建国家海绵城市试点工作，组织编制了《郑州市创建海绵城市建设试点实施方案》，2016年郑州市成功入选海绵城市建设试点。郑州市每年都积极开展海绵城市公园、绿地等下回式雨水利用，绿色屋顶等雨水收集利用项目。雨水利用工程项目年均10余个。②完成水资源管理信息系统工程建设，建设水资源基础数据库，水资源遥测系统，节水型社会管理系统，总量控制和定额管理辅助支持决策系统；建立完善地下水动态监测网络和分析资料数据库。③为鼓励中水资源的利用，郑州市出台了中水价格标准。规定达到中水一、二级标准的中水价格为0.55元/m³，三级标准的中水价格为用，水价格为1.00元/m³。对自建取用中水主管网的用户，中水价格实行优惠。规定达到中水一、二级标准的中水主管网的用户，中水价格为0.75元/m³，三级处理价格为0.35元/m³，三级处理价格实行优惠。二级处理中水处理厂，均已投入使用，日处理能力达到80万吨。④编制中水生态文明建设方案并实施完成水生态文明试点建设任务，定期开展重要河湖健康评估，探索水生态补偿机制，组织水生态修复示范工程建设，推行"河长制"管理，制订了《郑州市全面推行河长制工作方案》，并得到全面落实。郑州市区三个污水处理厂，二级处理中水免缴水资源费。同时规定利用中水生态文明建设方案并实施完成水生态文明试点
	A-6	文化建设	①系统开展节水宣传基础教育；②树立节水的社会风尚；③提倡文明的节水生活方式	①定期召开节水工作座谈会，总结经验，表彰先进；将节水纳入中小学基础教育；在"世界水日""中国水周"期间，利用广场文艺演出、电视主题晚会等强化宣传效果，普及节水法规条例做好节水宣传。②多家新闻媒体对节水活动进行报道，对上一年度节水型企业（单位）、节水型高校、节水先进单位，先进个人进行表彰。③联合组织"节水宣传进万家"活动，推广节水技术和产品。坚持日常办事处、居委会开展"节水进社区"活动，搭建节水进社区平台；组织"节水器具进万家"活动，推广节水技术和产品。坚持日常宣传与"世界水日""中国水周"、"城市节水宣传周"等集中宣传相结合，开展中小学水育课，广播节水话题。通过户外平面媒体宣传，加强节水宣传活动，引导了节水宣传与市民的互动，引导公众参与。节水热线，节水微信微博转发等多样形式的互动，引导公众广泛关注、全民关心水、亲近水、爱护水、节约水的良好社会风尚。直播和听众互动，节水热线，节水微信微博转发等多样形式的互动，引导公众广泛参与，形成全民关心水、节约水的良好社会风尚

（续表）

评估依据	编号	主要内容	内容细分	延续及保持情况
总体方案：建设任务	B-1	以供需协调为核心的水资源合理配置平台建设	①统一配置生态和经济用水；②建立城乡水资源联合配置体系；③实行多水源统一规划与调度；④完善配置和人饮保障工程；⑤制定特殊情景下的供用水应急预案	①制定和完善水资源调度方案、应急调度预案和调度计划，建立并落实水资源统一配置机制，地方人民政府和部门经批准从逐级编制水资源调度方案、应急预案，应急预案从经批准的水资源调度计划。②科学编制水源调度预案，按照保障郑州市居民生活用水、电厂发电、工业及农灌的先后顺序的原则及不同水源供给范围，科学调度和优化配置。③压缩超采区地下水开采量，增加非常规水水源利用。④加强水源地应急管理及预警机制，建立水源地综合整治、建立水源地应急预案，郑州市建设有应急备用水源地安全。⑤启动水源调度应急预案，郑州市建设有应急备用水源地，初步实现多库串联、多源互补、互济互调的多源供水
	B-2	"政府—市场—公众"三位一体水资源管理体系建设	①推进政府主导下的水权制度建设；②加速市场经济调节机制的建设；③积极推进公众参与式管理；④深化涉水事务管理体制改革	①见A-2；②见A-5；③见A-6
	B-3	与水资源承载能力相适应的产业经济体系建设	①优化社会经济结构；②科学规划产业布局；③革新传统生产模式；④科学调整虚拟水贸易结构	①三产结构进一步优化，助推国家中心城市建设。②在丘陵地区和二级以上提水高地、重点开发区优化开发，严格划定了优化开发、重点开发、限制开发、禁止开发区域，明确不同区域的产业发展功能定位和发展方向。③在工业节水方面开展火电、纺织、造纸、机械、八大行业节水和节水器具节水。企业水平衡测试、清洁生产和"零排放"示范项目、食品、建材、冶金、化工等示范企业。④开展企业的污水零排放示范工程，在火电、化工、烟草等行业建成一批"零"排放示范企业
	B-4	以定额管理为主要内容的工程技术体系建设	①用水计量和管理设施建设；②各业节水工程技术改造；③非常规水利用工程设施建设	①见A-5。②开展"八大行业节水行动"；在各用水单位全面推广"智能化一并一表"改造工程；有计划地淘汰更换单位和家庭已经投入使用的非节水设施、器具，建立节水设施、器具市场准入制度，禁止销售和安装使用明令淘汰的产品，推动单位和家庭节水。对城区供水管网进行了改造和铺设，供水管网漏失率由2004年的19.9%降低到2014年14.69%。③2016年非常规水源利用量6594.55万m³，其中，雨洪水利用504.75万m³，中水5730万m³。③建筑中水利用359.80万m³

（续表）

评估依据	编号	主要内容	内容细分	延续及保持情况
总体方案：建设任务	B-5	以双总量控制为主要手段的生态环境保护体系建设	①确立水生态保护与管理主体；②科学制定总量控制指标；③加强地下水资源保护；④水环境保护与水污染防治；⑤重点生态系统保护与修复	①在郑州市范围内实行"河长制"——郑州市政府主要领导分别担任市各区主要河道的"河长"，为实现水环境治理目标提供行政保障。②在地表水功能区管理中，通过计算确定了功能区管理目标，实施水功能区限制排污总量控制管理，实现行政区域污染物排放总量；水功能区科学合理加强水源地保护和监测，保障城市供水安全；④水环境保护与水污染防治工作。确保南水北调水质达标，强化地下水管理，实现地下水科学合理开采。③重视水污染防治工作，确保南水北调水质达标；及时编制水功能区检测月报和水源地监测能区检测断面进行水质监测，及时编制水功能区检测月报，清洁水源、清洁家园"工程为主要内容。④建设生态水利工程，改善城乡水环境；开展以"清洁田园、清洁水源、清洁家园"工程的农村环境综合整治
	B-6	以增进法制和公众参与为重点的社会环境制度建设	①将节水纳入法制化轨道；②提高社会公众节水意识；③培育有区域特色的现代水文化建设	①见A-1；②见A-2；③见A-8
总体方案：试点建设重点	C-1	用水总量控制与定额管理制度建设	①确定分级总量控制指标；②完善各业用水定额标准；③配套相关管理设施④完善计量与监测设施	见A-3
	C-2	水管理体制与水价形成机制改革	①水管理体制改革；②各业水价改革；③设立节水专项资金	①见A-2；②见A-4；③建立了节水型社会建设专项经费，主要用于宣传、调研和专项课题的研究
	C-3	农业节水工程技术体系建设	①大中型灌区节水改造；②推广实用农业节水技术；③完善灌溉用水计量设施	见B-4

（续表）

评估依据	编号	主要内容	内容细分	延续及保持情况
总体方案建设重点	C－4	水环境保护体系建设	①二次产业的升级改造；②排污总量控制制度建设；③水环境和排污监控与管理；④探索排污权交易	见 B－5
	C－5	加强水利工程联合调度	①实现水库蓄水、湖泊水体、地下水、引江水以及河槽蓄水量的统一调度；②适当抬高汛限水位，尽可能地拦蓄洪水尾巴；特别干旱年份，启动水源调度应急预案	见 A－6
总体方案试点示范内容	D－1	水权制度建设	①水资源所有权制度；②水资源使用权制度；③水权流转制度	见 A－4
	D－2	水污染防治制度建设	①健全水功能区管理制度和水资源保护规划制度；②建立排污总量控制和水环境管理制度；③完善水环境与排污计量监测设施体系	见 B－5
	D－3	水管理体制改革建设	①制定区域水务统一管理体制改革方案；②积极推进城乡水务一体化管理；③加大政企分开、政事分开改革力度；④协同工作机制建设	见 A－2

6.2.6　小结

整体上看,2011—2016 年郑州市节水型社会示范区运行期全面达到了《郑州市节水型社会建设规划》中远期目标,全市水资源利用效率和效益显著提高,用水总量实现负增长,水生态与水环境得到改善,水资源管理能力和水平有效提升,水安全保障程度明显增强,万元 GDP 取水量递减率、万元工业增加值取水量、水质达标率等指标在节水型社会规划规定的目标范围内。郑州市节水型社会建设按节水型社会建设规划开展各项工作,延续和保持情况良好,并且呈现以下特点:领导重视,积极推进;制度保障,依法节水;广泛动员,全民参与;政府引导,改善环境;多措并举,成效显著。可见,郑州市已形成了具有地域特色的节水模式。

第七章 淮河流域节水型社会建设展望

节水型社会是水资源集约高效利用、经济社会快速发展、人与自然和谐相处的社会。节水型社会的根本标志是人与自然和谐相处,它体现了人类发展的现代理念,代表着高度的社会文明,也是现代化的重要标志。随着社会的不断进步与发展,淮河流域节水型社会建设也进入新时代、新征程,现代化的理念不断融入,内容也更加丰富和完善。流域机构作为流域水资源统一配置调度的实践者,也面临着更高的要求,需要在国家宏观政策指导下,从流域管理角度做好设计,当好参谋,切实发挥流域机构作用,推进淮河流域节水型社会建设不断深入。

7.1 淮河流域节水型社会建设的主要内容

根据全国《节水型社会建设"十三五"规划》,结合淮河流域实际,淮河流域节水型社会建设的主要内容是进行四个体系建设。一是形成统一、高效的组织管理体系;二是建立健全完备的制度体系;三是构建与水资源、水环境承载力相协调的经济结构体系;四是建设与水资源优化配置相适应的节水防污工程与技术体系。

7.1.1 组织管理体系

统一、高效的组织管理体系是节水型社会建设的体制保障,也是节水型社会建设改革的重点内容之一。

在流域层面,首先,要加强淮河流域水资源统一管理,充分发挥流域管理机构的作用,对流域水资源优化配置、有效调控,实施水量统一调度,加强对省界断面水量水质的监督检测。其次,完善流域管理与行政区域管理相结合的管理体制。要明确流域管理机构和地区的职责分工,并做好结合。流域机构以流域规划,统筹安排,宏观指导,监督检查的方式,主要负责编制淮河流域水资源综合规划和流域节水型社会建设规划;拟订淮河干流及重要跨省支流、湖泊水量分配与调度管理方案,实施淮河水量统一分配、统一调度;在授权范围内实施水资源论证和取水许可制度;在流域水资源保护方面,组织淮河流域水功能区的划分和水域排污的控制,审定水域纳污能力,提出限制排污总量的意见,负责水资源动态监测;促进建立完善节水机制等。再次,推进流域综合管理。流域综合管理是指在流域尺度上,通过跨部门与跨行政区的协调管理,开发利用和保护水、土、生物等资源,最大限度地适应自然规律,充分利用生态系统功能,实现流域的经济、社会和环境福利的最大化以及流域的可持续发展。目前,推进淮河流域综合管理要完善流域立法体系和制度建设,保持法规的一致性和协调性;进行流域机构和治理结构的改革试点;加快流域综合规划的编制和实施;建立健全流域利益相关方的参与机制等。

在区域层面,要建立水务一体化的管理体制。区域水务一体化是在以流域为系统单元的基础上,在区域内对地下水、地表水、大气水及污水进行系统分析和统一规划,对城市防洪、排涝、蓄水、供水、节水、水资源保护、污水处理及回用、地下水回灌等涉水事务统一管理,统筹安排,以达到科学合理地开发、利用、配置、节约和保护水资源的目的。

节水型社会统一、高效的组织管理体系最终体现在要建立政府调控、市场引导、公众参与的节水型社会体系上。其中政府调控的职能主要包括调整生产力布局和产业结构、制定水资源规划体系、分配初始水权和制定定额管理标准、制定相关制度政策与法规等;市场引导主要包括通过水价、水权交易、投资与收益、水利产业和节水鼓励等促使水资源向高效方向发展;公众参与包括公众参与意识和监督意识的培养,参与技能的提高,参与平台的建设等。

7.1.2　制度法规体系

制度建设是节水型社会建设的核心。节水型社会的制度包括正规制度和非正规制度。非正规制度主要是指水资源利用与保护相关的节水价值、伦理、道德、意识、风俗等社会认可的观念性制度。节水型社会建设制度包括用水总量控制和定额管理制度,取水许可和水资源有偿使用制度、节水减排机制、水价形成机制等。其中,每一大类制度中又可包含若干制度。比如,在用水总量控制和定额管理制度中包括水量分配制度、计划用水制度等;取水许可制度中包括了水资源论证制度等。

在流域层面,要建立流域水权制度和用水总量控制制度,加快制定流域跨省河湖水量分配方案,建立健全淮河流域内各行政区域的用水总量控制指标体系,推进水权转换。加快建立对国民经济和社会发展规划、城市总体规划、与水资源利用密切相关的行业发展规划进行水资源论证的制度。继续完善以水功能区管理为重点的水资源保护制度,健全饮用水水源地保护、省界河流断面水质考核和地下水管理制度。

在区域层面,淮河流域各省区要加大节水法规建设力度,法规建设滞后的地区要尽快发布节水的地方性法规和规章制度,推进依法节水管理工作。流域各省要尽快完善各行业用水定额标准。健全取水许可制度和水资源费有偿使用制度,出台配套法规。完善饮用水水源地保护制度,制定地下水限采措施,加强对取用水户退排水的监督管理,贯彻实施《城市排水许可证管理办法》《污水综合排放标准》《排入城市下水道水质标准》等相关废污水排放标准。继续推动水价改革,合理确定各类用水的水资源费征收标准,改革水费计收方式,逐步推进水利工程供水两部制水价、城镇居民生活用水阶梯式计量水价、生产用水超定额超计划累进加价,推进农业用水计量收费,尽快将污水处理费征收标准提高到弥补污水处理设施运行成本、合理赢利的水平。

流域内各省区还需要不断提高公众的水资源忧患意识和节约意识,动员全社会力量参与节水型社会建设。强化舆论监督,公开曝光浪费水、污染水的不良行为。大力开展群众性节水活动,积极倡导节水生活生产方式,增强珍惜水、爱护水的道德意识,强化自我约束和社会约束。在全社会形成倡导生态文明的社会风尚。

7.1.3　经济结构体系

节水型社会建设要求考虑流域和区域水资源条件、开发利用状况及相关的生态环境状况,科学评价流域和区域水资源和水环境承载能力的要求,优化调整产业结构和产业布局。

在流域层面,要提高流域综合规划的地位,确立不同功能区、不同河流水资源开发利用的限制性指标,加快建立对国民经济和社会发展规划、城市总体规划、与水资源利用密切相关的行业发展规划进行水资源论证的制度。使淮河流域各地区在编制国民经济和社会发展规划以及城市总体规划、进行重大建设项目布局时,必须量水而行,严格依据水量分配方案确定的可用水量,确定本地区的功能定位、发展方向和产业结构,合理安排生活、生产、生态用水,使得经济社会发展与水资源、水环境承载能力相协调,使国民经济产业发展和产业布局与水资源配置相协调。

在区域层面,淮河流域各级地方人民政府及其水行政主管部门、有关部门要以区域水资源承载能力和水环境承载能力为依据,调整经济产业结构、调整城镇发展规模,加强重点领域的结构调整。首先,调整经济产业结构。在缺水地区限制发展高耗水项目,并压缩耗水量大、效益低的行业,重点发展高新技术产业和服务业。鼓励必要的高耗水行业向水资源丰富地区或沿海地区转移。其次,调整城镇发展规模。要从水资源角度,建立起“以水定城市发展合理规模,以水定城镇产业发展”的宏观调控机制。严格实行建设项目水资源论证和行业用水定额取水管理,真正做到以供定需,以水定发展。再次,加强重点领域结构调整。农业方面,因地制宜地进行种植结构调整,合理安排粮食作物和经济作物以及耕地与林、草、荒地之间的比例关系;工业方面,全面推行清洁生产,促进节能、降耗、减污,提高水资源综合利用率,推动落实“供给侧”改革,限制盲目发展高耗水、高耗能、高污染的造纸、化工、纺织、冶炼等行业。

7.1.4　节水防污工程与技术体系

节水型社会建设更为强调水资源的需求管理,但并不能完全脱离与节水、防污及生态保护相关的工程技术,而是将工程与非工程措施有机地结合起来,即在非工程措施强有力的带动下,追求标准、适度的工程措施,以支撑资源环境与社会经济全面、协调与可持续发展。与水资源优化配置相适应的工程与技术体系要求通过宏观上水资源的优化配置和微观上先进管理技术的采用,以实现用水高效和环境友好。

在流域层面,流域机构要通过淮河流域水资源综合规划及节水型建设规划的编制,找出淮河流域水资源配置总体布局和区域节水重点,并严格以此为依据有计划、分步骤地指导开展节水防污工程建设。在水资源配置总体布局方面,淮河流域地区经济发展、自然条件均存在较大差异,根据不同地区水资源问题及水资源开发利用特点,结合现有的水利工程体系情况,淮河流域水资源总体配置格局为“四纵一横多点”(四纵指以通榆河为主干的沿海引江工程、南水北调东线工程、引江济淮工程和南水北调中线工程;一横即淮河干流沿线水资源配置工程;多点即众多的沿江、沿黄、引江、引黄工程点和流域内多点蓄水工程及控制工程)的总体配置框架,同时,对淮河上游及淮南山丘区、淮河中游淮北平原地区、淮河下游平原、沂沭泗上游山丘区、沂沭泗下游平原、南四湖湖西平原、淮河干流、洪泽湖、南四湖和沿淮湖泊洼地等制定相应的水资源配置目标。在区域节水重点方面,将淮河流域划分为经济相对落后,但水资源条件相对较好的淮河上游及淮南山丘区,以及水资源相对缺乏的淮河中游淮北平原地区、淮河下游平原、沂沭泗上游山丘区、沂沭泗下游平原、南四湖湖西平原,并根据地区经济发展、水资源开发利用特点等,指导区域节水发展重点。

在区域层面,要进行淮河流域内各省区水资源利用设施的优化配置、相应配套及节水改造,并在重点领域进行节水工程建设和技术改造。一是加大对现有水资源利用设施的配套与节水改造,推广使用高效用水设施和技术,完善水资源高效利用工程技术体系,逐步建立设施齐备、配套完善、调控自如、配置合理、利用高效的水资源安全保障体系,保障经济社会可持续发展。通过工程措施合理调配水资源,发挥水资源的综合效益。二是要加强区域内重点领域的节水。农业和农村节水方面,加大力度推进大中型灌区的续建配套和节水改造,加强小型农田水利基础设施建设,完善灌溉用水计量设施。因地制宜,在有条件的地区积极采取集雨补灌、保墒固土、生物节水、保护性耕作等措施,大力发展旱作节水农业和生态农业。在工业领域,加快对高用水行业的节水技术改造,采用先进的节水技术、工艺和设备,提高工业用水的重复利用率,逐步淘汰技术落后、耗水量高的工艺、设备和产品。新建、扩建、改建建设项目应按照要求配套建设节水设施,并与主体工程同时设计、同时施工、同时投产。在城镇生活方面,加快对跑冒滴漏严重的城市供水管网的技术改造,降低管网漏失率;提高城市污水处理率,完善再生水利用的设施和政策,鼓励使用再生水,扩大再生水利用规模;加强城镇公共建筑和住宅节水设施建设和节水器具的普及,推广中水设施建设。

7.2 流域机构在节水型社会建设中的作用

建设节水型社会的核心是正确处理人和水的关系,通过水资源的高效利用、合理配置和有效保护,实现流域和区域经济社会和生态的可持续发展。为了实现流域水资源的节约和高效利用,以水资源的可持续利用支撑流域经济社会的可持续发展,流域机构在淮河流域节水型社会建设中发挥着极其重要的作用。

7.2.1 组织流域规划编制

流域综合规划和节水型社会建设规划对于流域节水工作的开展具有重要的指导作用。流域综合规划是指根据经济社会发展需要和水资源开发利用现状编制的开发、利用、节约、保护水资源和防治水害的总体部署。节水型社会建设规划是对全流域水资源配置、经济结构和产业布局优化、节水制度体系建设以及重点领域和重点工程节水的总纲性文件。这些规划是流域节水工作和区域节水工作的基础。

编制流域综合规划和流域节水型社会建设规划,就是要统筹协调好全流域生活、生产和生态用水,提高全流域水资源利用效率,促进流域资源环境与经济社会发展相和谐。

流域机构在组织编制规划时,要对流域水资源状况、节水形势、节水水平与节水潜力进行综合分析,明确流域节水型社会建设的目标和任务和近、远期安排,提出流域水资源配置总体布局和区域重点,确立流域节水法规体系和制度体系,提出工业、农业、城镇生活节水和非常规水资源利用等对策措施。同时,为保证规划的权威性,应协调明确地方人民政府职责,流域机构经过有关授权应对规划的执行情况赋有监督职权,以保障规划执行的强制力和约束力。流域内地方人民政府在制定国民经济和社会发展规划以及城镇发展规划时,要依据流域规划并不能同流域规划确定的有关内容相抵触。此外,还要根据淮河流域节水状况的变化,对规划中的有关内容适时加以修订。

7.2.2 制定流域水量分配方案

根据流域规划和水中长期计划,以流域为单元制定水量分配方案是《水法》明确规定的一项确保流域水资源可持续开发利用的水资源管理的重要举措。水量分配方案是流域取水许可总量控制的基础,也是流域水权制度建设的基础,水量分配关系到流域各省的既有利益和未来发展资源占有状况,因此,流域机构应当高度重视,将其作为流域节水型社会建设的一项重要任务,在流域各省的支持下有序开展。流域水量分配方案应以流域水资源可利用量为分配控制总量,根据水资源的两大功能,即维护生态与环境和支撑经济社会发展两个方面,考虑不同区域自然状况和社会经济发展需水,将流域可用水量配置到流域内各个省,完成流域层面的水量初始配置。进行水量分配的技术路线是核实各省区用水现状并合理预测未来需水,采用用水定额预测法、分类权重法、层次分析决策法等方法,确定淮河干流及各支流正常年份、一般干旱年、特枯年份及特枯时段等的各省水量分配指标。组织制定流域水量分配方案时,要做好各省的组织协调工作,充分听取省区的意见,加强协商,协调好上下游、左右岸的关系,协调好经济发达地区和相对落后地区、城市和农村、工业和农业之间的关系。要保证合理的生态用水和环境用水需求,以水资源条件作为地区经济结构和产业布局调整的必要约束条件。另外要注意保留一部分水量指标,预留一部分水量作为未来战略储备。

7.2.3 加强流域水资源宏观配置和监督

《水法》明确"国家对水资源实行流域管理与行政区域相结合的管理体制"。这种新的管理体制既尊重水资源具有以流域为单元的自然特性,又遵从经济社会管理以行政区域为单元的政治体制。淮河流域水资源时空分布不均,且人均水资源占有量低,强化流域管理的作用,实施流域水资源统一管理,对于协调好水资源保护与社会经济发展的关系,处理好各个地区、各个部门间的用水矛盾,限制各种不合理的水资源开发利用行为,协调推动节水型社会建设由点到面覆盖全流域,具有十分重要的意义。

加强流域水资源统一管理,推动流域节水型社会建设,流域管理机构应当做好以下几个方面的工作:一是加强流域立法,比如制定流域管理法,进一步明确流域管理机构和地方水行政主管部门在流域规划、防洪除涝、水资源调度配置、水资源保护和水污染防治、水土保持和生态建设、河道治理与管理、保障措施等方面的具体权限,明确相互关系,以解决基于地区、部门利益或管理认识差异而产生的行政事权之争,实现水资源优化配置、节约和保护的目标。二是流域机构要充分发挥宏观管理职能,以体现流域管理的整体性和有效性。加强对流域规划、流域内各省级行政区域的水量分配、水量调度,直管河道,流域控制性工程,省际边界水资源开发利用管理,省际边界水事矛盾调处等方面的管理。三是加强流域监督工作。要加强对流域内各地区落实"节水优先"新时期治水方针情况的监督检查,完善对违法行为的处罚机制。强化对用水定额管理、取水许可审批、计划用管理、水功能区管理、用水计量、县域节水型社会达标建设等行政区域水资源管理工作的监督。四是支持、配合各地做好节水型社会建设工作。要依据《关于实行最严格水资源管理制度的意见》《中华人民共和国国民经济和社会发展第十三个五年规划纲要》《节水型社会建设"十三五"规划》《"十三五"水资源消耗总量和强度双控行动方案》《全民节水行动计划》等文件精神,检查督促和指导各行政区域因地制宜地开展节水型社会建设工作,确保流域各地在节水行动上的协调一致。要尊重和发挥区域管理的积极性,支持、配合地方人民政府的工作,并做好服务,对跨省级行政区域的水事活动做好协调管理,在流域层面出台奖罚、扶持、鼓励等一系列节水政策,制定相应标准,引导全社会形成健康文明的水意识、水文化和节约水资源的消费模式。

7.2.4　进行流域水权制度建设

产权制度是市场经济的基本制度。通过产权制度的建立,能够发挥市场配置资源的基础性作用。水权制度正是这样的一个产权制度。通过水权制度建设,可以有效界定、配置、调整、保护和行使水权,明确政府间、政府和用水户间以及用水户之间的权、责、利关系,促进水权合理流转,从而实现水资源的有效配置,促进节水型社会建设。

流域水权制度主要包括水权的分配制度、流转制度和管理制度等,也包括水权实施机制和维护机制等。我国《物权法》《水法》《取水许可和水资源费征收管理条例》《水量分配暂行办法》等法律、法规、规章规定了水量分配制度、取水许可制度等,并明确了取水权属于物权的一种,但由于距离水权制度建设的法律支撑还很薄弱,我国的水权制度还处在探索和初步建立中。因此,流域机构要适应形势发展的需要,改变目前流域管理主要单纯依靠行政手段的模式,积极引入市场机制,推进淮河流域水权制度建设,更好地履行国家授予的水资源管理和监督职责。

水权的分配制度是水权制度的基础,可以对用水者的行为产生直接的影响。水权分配制度包括流域向区域、省级区域向市级区域、市级区域向县级区域进行的水权分配,也包括向具体用水户的水权分配。在这个过程中,流域向区域分配水权是一个非常重要的环节,当前,流域机构要对水权分配原则及程序、水权分配类型和拥有期限、政府预留水量、水权分配协商机制等进行研究和分析论证,为流域向区域水权分配做好前期工作。借鉴其他流域经验,在淮河流域建立水权制度、培育水市场可以先进行水权分配和转让试点。

7.2.5　健全节水型社会的民主协商机制

节水型社会建设涉及各行各业,为了保障、协调好用水各方利益,必须建立、健全民主协商机制,鼓励社会公众广泛参与水资源的分配、管理和监督。公众参与的范围很广泛,不仅指用水户,而且还包括流域各省区、行业、部门,通过公众参与、协商议事,可发挥社会公众建设节水型社会的积极性。

我国目前的流域机构名为"委员会",实际上是没有"委员"的委员会。在流域决策和管理中,缺乏公众参与,影响了行政权威,降低了决策的公信力。公众参与不足不仅使公众权益难以得到保障,而且影响公众执行流域管理政策的积极性和主动性。根据国内外流域管理的经验,要进行有效的流域管理,需要建立一个利益者参与、在民主协商基础上权威、高效的管理新体制。1994年以来,淮河流域多次修订《淮河流域省际边界水事协调工作规约》,建立起由流域机构主持的省际相互交流、统一规划、共同发展的边界水利协商机制。《规约》的贯彻执行,对协调处理省际边界水事矛盾、预防纠纷起到了很好的规范作用,流域省际还出现了主动协商、共治水患、共同开发的良好局面。节水型社会要求建立政府调控、市场引导、公众参与的节水型社会体系,为此,流域机构应进一步积极探索适合本流域特点的民主协商机制,搭建使流域内涉水部门、地方政府、用水户和民间组织能够以不同的途径共同参与的交流平台,协调解决流域水资源可持续利用、经济社会发展与生态环境保护中的重大问题,充分发挥民主决策、管理与监督的作用,达到公众广泛参与的目的。

7.3　展　　望

加强流域管理为节水型社会建设提供了水资源统一管理的体制保障,是统揽淮河流域各地区节水管理工作全局,实现节水型社会建设由点到面全覆盖,巩固区域节水型社会建设成果,实现全流域节水目标的重要措施。

新时期的"节水优先、空间均衡、系统治理、两手发力"治水方针,为节水型社会建设提供了指引。在生态文明体制改革,建设美丽中国的进程中,要坚持节水优先、保护优先方针,形成节约水资源和保护环境的空间格局、产业结构、生产方式、生活方式。流域机构需要与流域各地方政府沟通协作,进一步统筹制度设计、节水机制、节水方式及节水科技,从观念、意识、措施等各方面都要把节水放在优先位置,协调解决节水工作的重点、关键与难点。总体而言,农业节水是重点。要加快转变农业用水方式,切实提高农业用水效益,同时积极推广先进节水技术,努力降低吨粮耗水。工业节水是关键。要大力加强工业污水综合治理,鼓励使用中水,同时制定区域、行业和产品用水效率指标体系,严禁取用地下水发展高耗水产业。生活节水是难点。随着城镇化步伐加快,城市用水需求增长迅速。在城市建设中要充分考虑水资源的支撑能力,加大供排水管网改造力度,节水型产品的准入制度,节水宣传等工作。通过从全局角度不断调整优化淮河流域经济结构和产业布局,统筹经济社会发展与水资源水环境承载能力,才能促进人与自然和谐发展。

图书在版编目(CIP)数据

淮河流域节水型社会建设实践与展望/袁锋臣,曹炎煦,马天儒编 . —合肥:合肥工业大学出版社,2018.8

ISBN 978 - 7 - 5650 - 4072 - 6

Ⅰ.①淮…　Ⅱ.①袁…②曹…③马…　Ⅲ.①淮河流域—节约用水—研究　Ⅳ.①TU991.64

中国版本图书馆 CIP 数据核字(2018)第 171157 号

淮河流域节水型社会建设实践与展望

袁锋臣　曹炎煦　马天儒　编

责任编辑	张择瑞
出版发行	合肥工业大学出版社
地　　址	(230009)合肥市屯溪路 193 号
网　　址	www.hfutpress.com.cn
电　　话	理工编辑部:0551 - 62903204
	市场营销部:0551 - 62903198
开　　本	787 毫米×1092 毫米　1/16
印　　张	7.75
字　　数	175 千字
版　　次	2018 年 8 月第 1 版
印　　次	2018 年 12 月第 1 次印刷
印　　刷	合肥现代印务有限公司
书　　号	ISBN 978 - 7 - 5650 - 4072 - 6
定　　价	35.00 元

如果有影响阅读的印装质量问题,请与出版社市场营销部联系调换。